我能拯救地球

主编／赵敏舒

50件营造低碳生活的小事

天津科学技术出版社

图书在版编目（ＣＩＰ）数据

50件营造低碳生活的小事 / 赵敏舒主编. -- 天津：
天津科学技术出版社，2010.12
（我能拯救地球）
ISBN 978-7-5308-5993-3

I. ①5… II. ①赵… III. ①节能—青少年读物
IV.①TK01-49

中国版本图书馆CIP数据核字（2010）第232405号

策划编辑：郑东红
责任编辑：张　跃
责任印制：王　莹

天津科学技术出版社出版
出版人：蔡　颢
天津市西康路35号　　邮编：300051
电话(022) 23332399 （编辑室）　(022) 23332393 （发行部）
网址：www.tjkjcbs.com.cn
新华书店经销
北京市北关闸印刷厂印刷

开本　787×1092　1/16　　印张　12　　字数　50 000
2011年1月第1版第1次印刷
定价：29.80元

前言
Preface

践行环保，从这一秒开始

告急！告急！地球母亲告急，她已不堪重负，气喘吁吁了。

酸雨污染、温室效应、臭氧层破坏、土地沙漠化、森林面积锐减、物种灭绝、垃圾成灾、水土流失、大气污染、水资源短缺等等，一系列环境问题，让昔日一颗美丽的蓝色星球如今已满面疮痍，伤痕累累了。环保与节能势在必行，你我他每个人都要积极行动起来，保护我们共同的家。不要认为环保是个大课题，一个人的力量微不足道，请记住：环保无小事，一切从我做起，每个人都是能拯救地球的其中一人。

有了使命感，我们还要了解自己应当怎样拯救地球。如何节约和回收各种能源？如何保护植物？如何保护动物？如何保护天空？如何阻止全球变暖？怎样的生活方式才能称得上"绿色生活"？自己平常无意间的哪些行为是不环保的，甚至还给环境造成了损害？上述所有问题的答案都在《我能拯救地球》中，它为每一个环保小

卫士指明了道路。丛书共分 10 册,分门别类地从十个方面介绍我们可举手之劳尽行环保。节能环保,生活中的点点滴滴,举手之劳,尽力而为。我们是 24 小时环保主义者,肩负着拯救地球、延续文明的重任。

践行环保,从这一秒开始。环保的重要性,其实每个人都知道并且也支持,但就是行动上力度不够,其中原因诸多,但不外乎未养成习惯及从众心理作祟等。随着节约型社会的到来,节约,不只是经济行为,更是一种环保时尚。谁不节约谁可耻!我们有一千种理由保护环境,却没有一条理由破坏我们生存的家园,请不要轻置每一个行为。

很久以前的大自然是我们不知道的样子,很美;现在的大自然是我们熟悉的样子,但不亲切。希望某天一早醒来,能够再拥有那样一个只在雨后才能呼吸到的清新空气,远远的有鸟儿的啁啾,望尽远处近处,满眼的绿。未来社会的面貌取决于今天人们所做的一切,绿色环保之路任重道远。

目录

Contents

目 录

Contents

什么是低碳？

同学们，你知道低碳吗？如果让你将"低碳"概念具体化，你能说清楚吗？

如今社会上，大概没有谁不知道"低碳"二字，但能说出低碳真正含义的，却为数不多。

确实，很多人搞不清楚"低碳"的真正含义。准确来说，低碳就是减少以二氧化碳为主的温室气体的排放，进而避免温室效应带来的一系列影响。

▲ 使用清洁能源降低碳排放

▼ 享受绿色生活

似乎是因为太多的宣传将"低碳"与"环保"连在一起，以至于在人们的心中，这两个词就应该是同义的。但相比之下，环保的概念更广一些，它还涉及污染防治、生态保护等很多方面。所以说，低碳只是环保的一个方面，不能代表环保的全部。

虽然多数人搞不清楚低碳是怎么回事，但不可否认，作为迅速"火"起来的流行词汇之一，这两年，"低碳"与生活相关的概念已经深入人心。

保护植物

在生活中，仅有很少的一部分人认为低碳"是政府的事"，有一半以上的人认为，"低碳"与每个人的生活息息相关。只不过，"认识到"与"做到"之间总会存在很大距离而已。那么如何做到认识并做到呢？

关于低碳，现在社会中存在的一个问题就是"知行难统一"，要求别人做到很容易，提醒自己做到却很难，更不用说人人加入到践行低碳的行动中了。那么，你知道为什么要提倡低碳生活吗？相信大家都了解以后，知行统一就容易多了。

到底什么是低碳？

为什么要低碳？

低碳，英文为low carbon。意指较低（更低）的温室气体（二氧化碳为主）排放。

那么，我们为什么要低碳生活呢？

我们的地球 ▶

①过多的碳排放使地球变暖

什么是导致全球变暖的直接原因呢？简单来说，就是温室效应。

我们的地球在宇宙中非常特殊，它有一个"被子"，即大气圈，里面有一定的二氧化碳、甲烷、氧化亚氮和水汽等。

如果没有这层被子，地球表面平均温度只有-18℃；有了这层被子，大气圈短波辐射的热量通过长波辐射反射出去的时候，就会使温室气体产生增温效应，使地表平均温度成为15℃，非常适合人类生存。

如果"被子"变厚，也就是温室气体的浓度增加，会出现什么样的状况呢？

▲ 火红的太阳

根据大气物理学家的计算，地球从太阳那里得到的热量短波辐射是240瓦／平方米，长波辐射出去240瓦／平方米就能保持热量平衡，就是15℃。如果我们向大气中排放二氧化碳等温室气体，比如二氧化碳增加一倍，这时我们就会发现长波辐射使得排出的热量只有236瓦／平方米，中间有一个辐射差，地面必须通过增温1.2℃，才能达到收支平衡。这就是温室气体导致的增温现象。地球温度平均增长1.2℃，是一个不容忽视的数字，这就会导致全球变暖。

② 全球变暖对地球生态有何影响？我们可以用自己的力量来减缓全球变暖吗？

随着世界工业经济的发展、人口的剧增、人类欲望的无限上升和生产生活方式的无节制，世界气候面临越来越严重的问题，二氧化碳排放量愈来愈大，全球灾难性气候变化屡屡出现，已经严重危害到人类的生存环境和健康安全，即便是人类曾经引以为豪的高速增长或膨胀的GDP，也因为环境污染、气候变化而"大打折扣"。

根据IPCC的第四次评估报告，我们的地球在过去100年间温度升高了0.74℃，这一升温看起来并不起明显，然而它却导致了地球生态系统的一连串反应。我们大家比较熟悉的北极熊生活在浮冰上，在浮冰上捕食，而今因为气候变暖，北极冰层的融化，它们可攀缘的浮冰越来越少，从一块浮冰到另外一块浮冰的距离也越来越远，很多北极熊因体力不支，淹死在水里，还有一些北极熊由于无法在浮冰上捕捉海豹，活活饿死。海水温度的升高和海洋酸化也威胁着珊瑚等海洋生物的安全，在高温的海水中，珊瑚会由绚烂的颜色变成白色。如果气候变暖继续持续下去，南太平洋上风景绮丽的岛国图瓦卢将可能由于海平面上升而变为新的海底古城。

如果说这些仍离我们很遥远，那就看看人类直接面临的气候变暖的威胁吧。降水的分布不均导致干旱和洪涝等灾害更加频繁发生，食物和饮用水的供给将可能出现严重

▼ 孤立无援的北极熊

问题；由于海平面的上升和地面下沉，一些沿海低洼地区可能将会被淹没，而这些地方又是经济发达、人口密度较大、大城市比较集中的地区；热浪也许会在更多的地方出现；气候变化加剧导致疟疾、血吸虫病和登革热的蔓延；台风的强度和破坏力也许会超过现有的防台抗台建筑标准。

人类只拥有一个地球，全球气候变暖的威胁任何人都无法逃避。

应对气候变化，人人有责。每个人都可以从日常生活中的点滴做起，为应对气候变化做出贡献。我们在购买热带雨林的古树制成的地板、家具时，不知不觉中，我们也成了气候变暖的始作俑者。热带雨林是一个天然巨大碳库，大面积森林砍伐减弱了地球之"肺"的作用，大气中会有更多的二氧化碳，而二氧化碳正是全球变暖的"罪魁祸首"。所以说，不用不必要的木制品就是保护森林、应对气候变化的表现。

▲ 冰川正在慢慢融化

所以，勿以贡献小而不为。践行低碳，是我们每个人的义务。

▼ 美丽大自然

低碳消费方式：营造低碳生活的必要环节

　　全球气候变暖已成为国际关注的焦点问题。它严重地影响了人类环境和自然生态，导致水资源失衡、农业减产、生态系统严重损害等，给人类社会的可持续发展带来了巨大冲击。据研究表明，气候变暖的原因除了自然因素影响以外，主要是归因于人类活动，特别是与人类活动中排放二氧化碳的程度密切相关。因此，低碳消费方式受到了世界各国的关注与重视。

▲ 拯救地球

① "低碳经济"是全球经济发展的最佳模式之一

　　面对气候变暖的重大挑战，世界主要经济发达国家和地区已达成发展低碳经济的共识：以经济发展模式由"高碳"向"低碳"转型为契机，通过市场机制下的经济手段激励推动低碳经济的发展，以减缓人类活动对气候的破坏并逐渐达成一种互相适应的良性发展状态。

"低碳经济"是全球经济发展的最佳模式之一，低碳消费方式是其重要的环节。所谓消费方式，就是在一定生产力发展水平和一定生产关系条件下，消费者与消费资料相结合以实现需要满足的方法和形式，是消费的自然形式与消费的社会形式的有机统一。

▲ 蓝天白烟

低碳消费方式是人类社会发展过程中的根本要求，是低碳经济发展的必然选择。低碳消费方式告诉消费者怎样拥有和拥有怎样的消费手段与对象，以及怎样利用它们来满足自身生存、发展和享受需要的问题，它是后工业社会生产力发展水平和生产关系下消费者消费理念与消费资料供给、利用的结合方式，也是当代消费者以

▼ 低碳生活

对社会和后代负责任的态度在消费过程中积极实现低能耗、低污染和低排放。这是一种基于文明、科学、健康的生态化消费方式。

　　环境就是系统，低碳消费方式着力于解决人类生存环境危机，其实质是以"低碳"为导向的一种共生型消费方式，使人类社会这一系统工程的各单元能够和谐共生、共同发展，实现代际公平与代内公平，均衡物质消费、精神消费和生态消费；使人类消费行为与消费结构更加科学化；使社会总产品生产过程中两大部类的生产更加趋向于合理化。

▲ 还天空一片纯净

② 低碳消费是一种更好地提高生活质量的消费方式

　　低碳消费方式特别关注如何在保证实现气候目标的同时，维护个人基本需要获得满足的基本权利。由于满足基本需要的人权特性和有限性，在面临资源与环境约束的情况下，应该把有限的资源用于满足人们的基本需要，限制奢侈浪费。人们应该认识到：生活质量还包括环境的质量，若环境恶化，人们的生活质量也最终会下降。在环境资源日益稀缺的今天，低碳消费方式是一种更好地提高生活质量的消费方式。

低碳消费方式体现了人们的一种心境，一种价值和一种行为，其实质是消费者对消费对象的选择、决策和实际购买与消费的活动。消费者在消费品的选择过程中按照自己的心态，根据一定时期、

▲ 购物

一定地区低碳消费的价值观，在决策的过程中把低碳消费的指标作为重要的考量依据和影响因子，在实际的购买活动中青睐低碳产品。低碳消费方式代表着人与自然、社会经济与生态环境的和谐共生式发展。低碳消费方式的实现程度与社会经济发展阶段、社会消费文化和习惯等诸多因素有关。因此，推行低碳的消费方式是一个不断深化的过程。

由于"低碳程度"不同，涉及的具体内容也各不相同。在目前我

◀ 低碳食物

国的社会条件下，广义的低碳消费方式含义包括五个层次：一是"恒温消费"，消费过程中温室气体排放量最低；二是"经济消费"，即对资源和能源的消耗量最小，最经济；三是"安全消费"，即消费结果对消费主体和人类生存环境的健康危害最小；四是"可持续消费"，对人类的可持续发展危害最小；五是"新领域消费"，转向消费新能源，鼓励开发新低碳技术、研发低碳产品，拓展新的消费领域，更重要的是推动经济转型，形成生产力的发展新趋势，将扩大生产者的就业渠道、提高生产工具的能源效益、增加生产对象的新价值标准。

从经济学上讲，消费包括生产消费和非生产消费。生产消费是指生产过程中工具、原料和燃料等生产资料和生产劳动的消耗。非生产性消费的主要部分是个人消费，是指人们为满

太阳能

足个人的生活需要而消费的各种物质资料和精神产品；另一部分是非生产部门如机关、团体、事业单位，在日常工作中对物质资料的消耗。因此，推动"高碳消费方式"向"低碳消费方式"的转变应该是全社会的共同职责，只有这样才有利于实现国家利益、企业利益和公民利益的最大化。

如何选购
食物更低碳？

我们营造低碳生活，选购食物时怎样才能做到低碳呢？下面介绍了几种方法。

▼ 新鲜果蔬

① 本地菜，省运输

果蔬：吃"本地"、"应季"的蔬菜和水果。首先，本地的蔬菜水果味道更好些，因为本地产品可以做到九成熟采摘，而长途运输的产品必须在六七成熟的时候采摘；

▼ 我们要尽量选择本地产蔬果

其次，经过长途运输，果蔬中的营养物质会受到一定程度的损失，不及本地产品营养价值高。最后，为了使长途运输的果蔬保持新鲜，难免要用些保鲜剂。

而从环保的角度来说，消费当地的食物，还可以间接减少运输能耗，减少碳排放量。现在有个新名词叫"食物里程"，就是指食物从产地送到嘴里的距离，距离越远，消耗能源越多，二氧化碳排放量越多，也就越会给地球带来更大的负担。

除了选择本地食物，环保人士还提倡吃"应季食物"。这些食物在正常节令产出，能得到足够的阳光和热量，含有正常的营养保健成分。而非当季蔬果多以大棚栽培为主，难以达到最佳品质，叶绿素、维生素C、矿物质等含量偏低，特别是抗氧化物质等保健成分会大大下降。同时，非当季的水果在生产过程中也会消耗更多的能源，给环境带来更大的负担。

2 零包装，无污染，拒绝过度包装

目前，食品的过度包装已经成为"公害"。中秋节的天价月饼、平时的天价洋酒、天价保健品不仅包装浪费，还增加了环境垃圾，而且对健康并无益处。资料显示，一些食品的包装成本已占到食品总价的70%，喧宾夺主，更有黑心商家趁机搭售其他食品，消费者以不菲价格购得普通的、甚至劣等的食物。

拒绝过度包装，倡导环保、低碳包装将是大势所趋。从消费者的自身来说，首先，要尽量选择可重复再用和再生的包装材料。重复再用包装，如啤酒、饮料、酱油、醋等包装采用玻璃瓶可反复使用。其次，选择简装或者大包装。一些膨化食品、饼干等零食，保质期较长，可以选择大袋的简易包装。

而对厂家来说，一是可以加大研发低碳包装，尝试可食性包装材料或者可降解材料包装食物。大家熟悉的糖果包装上使用的糯米纸及包装冰激凌的玉米烘烤包装杯都是典型的可食性包装。二是要简化包装程序，追求零包装，比如减少蔬菜水果使用的保鲜膜。

少用保鲜膜▶

3 少红肉，减碳排

▲ 红烧肉

每人少吃1斤猪肉，一年减排91.1万吨。以牛肉为例，不同的饲料、放牧与否、包装方法、运输工具及里程，都直接影响衍生出的二氧化碳排放量。联合国粮农组织的数据指出，肉类生产碳排放量占全球温室气体总量近1/5，比汽车和飞机的碳排总和还高，当中又以牛肉的碳排量最高，生产1千克可食用牛肉所需的饲料，比生产同等分量的猪肉高近四成。而生产1千克鸡肉需2~3千克粮食，4~6千克粮食才能转化为1千克猪肉，所以吃鸡肉对环境造成的压力远小于吃猪肉。《全民节能减排手册》中指出，每人每年少浪费0.5千克猪肉，可节能约0.28千克标准煤，相应减排二氧化碳0.7千克。那全国每年可节约35.3万吨标准煤，减排二氧化碳91.1万吨。

从健康的角度来说，少吃肉同样重要。动物食品中的脂肪和蛋白质过量，会导致高血脂、高血压等许多"富贵病"，同时增加患多种癌症的风险。此外，动物食品多被多重污染，大鱼大肉的饮食会给人体带来更多污染物质。

4 多粗粮，免加工

五谷为养，多吃粗粮。我国的传统膳食结构就是以植物性食物为主，养生之道也要求人们"五谷为养，五菜为充"，要节制饮食，清淡为主。按中国营养学会推荐，每天进食250~400克谷类、薯类及杂豆，是既安全又营养的选择。

而这个建议也与低碳饮食不谋而合。一亩耕地用来种植大豆，可获得60千克蛋白质，可满足一个人85天的蛋白质需要；如果用来种粮食配成饲料养猪后再食用猪肉，仅能产蛋白质12千克，满足一个人17天的需要。因此，用全谷替代一部分精米白面，无疑会大大减少自然环境的负担。而且，粗粮未经精细加工，维生素和矿物质含量是精米白面的3~5倍，对预防糖尿病、高血脂更有好处。

▲ 燕麦片

5 多选完整食物，少选加工食物

完整食物，即少加工、少人工添加物、无化学肥料、无农药、天然形态的天然食物，例如吃一个苹果，而不是一杯苹果汁；吃一个马铃薯，而不是一包薯片。摄取完整无害的食物，可获取直接而大量的营养成分，又减少了加工、包装和储藏过程中的巨大能耗，不仅收获了健康，还能低碳环保。精细加工、制作繁琐的高加工食物，给地球带来的污染、给环保造成的危害不可计数。精细加工意味着更多的食品添加剂，这些物质的碳排放量远远高于天然食物。以氢化植物油为例，可以让食物酥脆，市场上出售的炸鸡、炸薯条、盐酥鸡、油条、经油炸处理的方便面食品或烘焙小西点、饼干、派、甜甜圈等，都经常使用这种油脂。这类食品经过油炸或酥化后，改变了食物本身的色、香、味，更加容易引起人们的食欲，成为饭店、餐厅，甚至家庭餐桌上的常备菜。但是，不仅油炸过程可能产生毒性物质，氢化植物油本身也对健康有害。

▲ 马铃薯

⑥ 少买瓶装水、袋泡茶、各式饮料

　　一瓶550毫升的瓶装水的产生伴随着44克二氧化碳的排放。生产相同质量的瓶装饮用水、桶装饮用水及普通白开水的能耗比为1500:500:1，也就是说生产瓶装水、桶装水的二氧化碳排放量是普通白开水的1500倍和500倍。

如何使烹饪更低碳?

你平时在家经常做饭吗?其实我们在做饭的时候也要注意节省能源。家庭的"碳排放"与厨房密切相关。尽量节约厨房里的能源,采用低碳烹调法,是每个家庭都应该做到的。那么,平时做饭的时候我们都应该注意些什么呢?

▲ 厨房

① 煮饭提前淘米,并浸泡十分钟

提前淘米并浸泡10分钟,然后再用电饭锅煮,可大大缩短米熟的时间,节电约10%,每户每年可因此省电4.5度,相应减少二氧化碳排放4.3千克。如果全国1.8亿户城镇家庭都这么做,那么每年可省电8亿度,减排二氧化碳78万吨。

② 尽量避免抽油烟机空转

在厨房做饭的时候，应合理安排抽油烟机的使用时间，以避免长时间空转而浪费电。如果每台抽油烟机每天减少空转10分钟，1年就可省电12.2度，相应减少二氧化碳排放11.7千克。如果对全国保有的8000万台抽油烟机都采取这一措施，那么每年可省电9.8亿度，减排二氧化碳93.6万吨。

③ 用微波炉代替煤气灶加热食物

微波炉比煤气灶的能源利用效率高。如果我国5%的烹饪工作用微波炉进行，那么与用煤气炉相比，每年可节能约60万吨标准煤，相应减排二氧化碳154万吨。

④ 选用节能电饭锅

对同等重量的食品进行加热，节能电饭锅要比普通电饭锅省电约20%，每台每年省电约9度，相应减排二氧化碳8.65千克。如果全国每年有10%的城镇家庭更换电饭锅的时候选择节

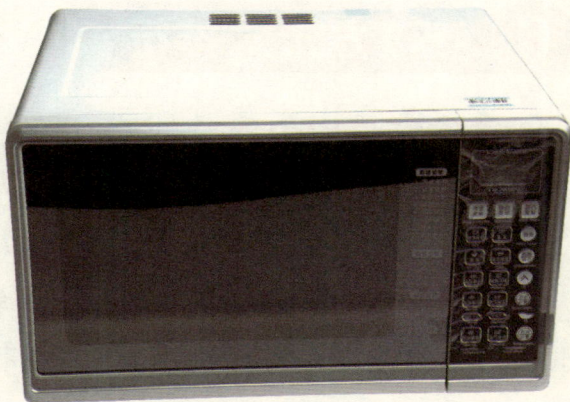

▲ 微波炉

能电饭锅，那么可节电0.9亿度，减排二氧化碳8.65万吨。

5 大火烧水更省气

做饭和做菜的时候，要选择大小适中的锅，不要用大锅煮很少的东西，煮东西的时候选用锅底较大的平底锅较好。灶具气阀要调到适当位置，火的大小可根据锅的大小来决定，火焰分布的面积与锅底边缘相齐为最佳。不要让火焰超出锅底，以减少不必要的热量损失；要随时调节火焰大小，不要火一点着就一烧到底。

有人认为火焰小能节约煤气，其实这样会将烧水的时间拖长，散失的热量多，反而要多用气。

▲ 做菜

6 低碳方法大排行

蒸：蒸是用水蒸气加热，热效率非常高，成菜时间最短，对资源的占用也最小。同时，蒸菜的时候，原料内外的汁液挥发最小，营养成分不受破坏，香气不流失。蒸不但减少营养流失，而且减少烹调油脂，避免油烟产生，减少了污染物和废气的排放。各种食材都可以蒸，使用非常广泛。

煮：同蒸一样，煮不需要油脂，能减少油烟，也是碳排放很少的烹调方法。不过煮的时候，水溶性的营养素和矿物质会流失一些，而且煮的效率也低于蒸。

凉拌：对一般蔬菜来说，凉拌是最低碳也最健康的吃法。但如果是草酸含量稍微高一些的蔬菜，比如苋菜、菠菜、茭白等就要焯一下再拌。

▲ 沙拉

白灼：白灼会加入少量的油盐，烹调时间较短，同时不会产生油烟，多用于质地脆嫩的菜肴。白灼的原料适用范围很广，荤素皆可。同时，白灼也能很好地保存营养素。

▼ 蒸鱼

煲汤：煲汤是动物原料的低碳吃法，比如用排骨煲汤就比香酥小排或者糖醋排骨更低碳。不过许多人喜欢"老火靓汤"，其实这样不但会增加碳排放，而且还会影响健康。建议煲汤时间不要超过一个半小时。

炖：一般清炖不需

加额外的油脂，而侉炖等方法要先把原料炒一下再炖，因此用油量会比煲汤多。建议低碳炖肉法多选用清炖，或用新鲜蔬菜比如番茄、芹菜等来调味，搭配莲藕、马铃薯等使营养更均衡。

炒：烹调时间较短的炒法，可以保持原料中的大部分营养。然而，热油爆炒或长时间煸炒会产生一定的油烟，用油量多，营养素损失大，同时碳排放较多，不建议经常使用。

烤：是从外部加热，缓慢渗透到内部，虽然口感外焦里嫩，但能量损失特别大。因此烤箱也常常是家里的"耗能大户"。炭火烤制更是可能排出含有致癌物的气体，不利大气环保。

炸：在油炸过程中，蛋白质、脂肪、碳水化合物等营养素在高温下发生反应，不但营养会受损，还会生成许多致癌物质。另外，油炸过程中产生的大量油烟会污染空气，尤其厨房中有害物质扩散较慢，对健康会造成极大的危害。

🔺 多吃蔬菜

7 同时我们应该注意做到：

1.尽量减少煎炒烹炸的菜肴，多煮食蔬菜。食用油在加热时不仅产生致癌物，还会造成油烟污染居室环境。

2.不要把饭锅和水壶装得太满。否则煮沸后溢出汤水，既浪费能源，又容易扑灭灶火，引发燃气泄漏。

3.自家煮饭炒菜，量足够吃就好，不多炒。做到餐餐节约能源，减少碳排放。

4.路上看到被人丢弃的食物，可以捡起来喂野狗、野猫和小鸟等小动物。变质的饭菜可以埋在地里做肥料。

这些都是我们生活中的小事，只要我们用心地去节约能源，努力去控制二氧化碳的排放，就可以让我们的地球慢慢恢复健康。同学们，让我们一起携起手来倡导低碳烹调，还地球一个凉爽的温度吧！

就餐也可低碳

我们在家的饮食从食物的选购，到食物的制作都做到了低碳，但如果是外出就餐呢，怎样才能做到低碳？

可低碳的午餐 ▶

① 饮酒适量，减少吸烟

同学们，你们的爸爸饮酒吗？抽烟吗？如果他既抽烟，又饮酒，那么我们就应该劝劝他了。这样不仅对自己的身体不利，也在无形中增加了二氧化碳的排放量。因为香烟和酒的生产都必将消耗能源，增加二氧化碳的排放。吸烟有害健康，所以尽量少抽或不抽。1天少抽1支烟，每人每年可节能约0.14千克标准煤，相应减排二氧化碳0.37千克。如果全国3.5亿烟民都这么做，那么每

◀ 吸烟有害健康

年可节能约5万吨标准煤，减排二氧化碳13万吨。

②拒绝"一次性"，爱护森林

据统计，我国每年消耗一次性筷子450亿双。3000双一次性筷子等于消耗了一棵生长了20年的大树，一年因此需要砍伐大约2500万棵大树，减少森林面积200万平方米。自带方便筷子，或者向餐馆索要重复使用的消毒筷，可为环保作出大贡献。另外，少用一次性筷子对身体健康也大有好处。一次性筷子制作过程中经过硫黄熏蒸，并用双氧水漂白，打磨过程还使用滑石粉，这些都是有害人体的物质。

生产1吨餐巾纸，大约要砍掉17棵直径在20厘米左右的成年树木。如果用手帕代替，每个人每年至少能节约1千克的餐巾纸。

▲ 少用一次性筷子，外出尽量自带餐具

③点菜"少而精"，不浪费

比起外出就餐，自己做饭不但更节约能源、经济实惠，而且更加健康营养。

餐馆里剩菜的数量惊人，曾经有报道指出，一家餐馆一天产生的剩菜可以达到100千克。在餐馆里吃饭要做到低碳，就一定不能浪费。数据显示，少浪费0.5千克粮食可节能0.18千克标准煤，相应减排二氧化碳0.47千克。

吃少而质量高的菜肴，既满足了味蕾，又体现了自身的品味，还能节约金钱和能源。长期坚持下去，可形成健康的饮食习惯，也能降低医疗成本。不同的餐馆菜量不一样，建议大家进了餐馆先观察下其他桌的菜量，再酌情点菜。

点菜少而精

4 用手帕代替纸巾

用手帕代替纸巾，每人每年可减少耗纸约0.17千克，节能0.2吨标准煤，相应减排二氧化碳0.57千克。

手帕代替纸巾 ▶

厨具打造低碳生活

你家有哪些厨具，经常使用的是哪些呢？你知道哪些厨具的使用比较低碳吗？这里给你介绍几款低碳的厨具。你可以讲解给妈妈听。

▲ 厨房

1 电磁炉

电磁炉的工作原理和传统的炊具不同，它的热效率要比所有炊具的效率平均高出近一倍，是典型的绿色炊具。电磁炉可以根据不同的烹调要求调节能耗，更加低碳节能。

▲ 电磁炉

2 微波炉

普通的炉灶是从食物的外部加热。而微波炉则是热量直接深入食物内部，所以烹饪速度比其他的炉灶快4~10倍，热效率高达80%以上。目前，其他各种炉灶的热效率无法与它相比。同时，因为微波炉烹饪的时间很短，能很好地保持食物中的维生素和天然风味。

△ 微波炉

3 焖烧锅

把生的食物放进内锅，在火上煮开后，把内锅放入外锅里盖上锅盖，食物可以继续保持高温焖热，直至熟烂。用焖烧锅来煲汤、煮粥或是炖肉，能缩短60%~80%的烹调时间，减少燃料或电的消耗。焖烧锅在密封状态下焖煮食物，也较好地保持了菜肴的原汁原味和营养。

△ 焖烧锅

4 多层蒸锅

给蒸锅升升级，下层蒸茄泥，上层蒸南瓜，把两道蒸菜的烹调过程合并，既节约了空间和时间，也减少了能源消耗。

低碳穿衣妙招

你知道低碳穿衣也可以相当时尚，也可以引领潮流吗？

① 搭配到家也低碳

估计每个人都有这样的经验，买了新衣服不想穿，任其压在衣橱的角落，等到一年一度整理的时候，丢掉或者随便送人。这其实是一种极不环保的生活方式，未免造成浪费。不是说不让大家买新衣服，而是在买的时

▲ 旧衣改造翻新

候，想好其搭配的方式，尽量将每款衣服的特点发挥出来。随时做好"混搭"的准备，让服装拥有更高的使用率，这也是负责任的低碳穿衣方式。

要做到环保，还有一个办法就是"旧衣改造"，也就是说把过时的衣服有创意地进行翻新，使它具有新的价值。旧衣翻新不仅是一种环保行为，也逐渐成为一种时尚趋势。如在东京等大城市，就出现了专门替人翻新衣服的店铺。

② 让衣服自然晾干

研究表明，一件衣服的主要"能量"是在清洗和晾干过程中释放。需要注意的是，洗衣时用温水，而不要用热水；衣服洗净后，挂在晾衣绳上自然晾干，不要放进烘干机里。这样，就可以减少更多的二氧化碳排放量。

▲ 晾衣服

3 棉麻衣物最低碳

　　一件衣服，从它还是地里的棉花、亚麻开始，历经漂白、染色等工艺，变成纱线、面料，制成成衣。之后经过流通和使用，直至最终变成垃圾掩埋、降解或焚烧。可以说，每一个环节都在排放着加剧全球气候变暖的二氧化碳。穿衣服是文明人必需的，别无选择，但穿什么样的衣服却是可以选择的，因为不同面料的衣服碳的排放量是不同的。

　　麻、棉等天然纤维最低碳。棉麻植物在生长的时候就是利用光合作用吸收二氧化碳的，然后它们在制作过程中消耗的能源与水，比化纤、动物皮草少很多，而且穿着柔

▼ 衣服的制作原料——棉花

▲ 纯色服饰

软、透气，不刺激皮肤，绝对是环保的首选。其中，麻布料又是上上之选，澳大利亚墨尔本大学的研究表明，麻布料对环境的影响比棉布少50%。

相比来看，涤纶、尼龙等合成面料的衣服不容易降解，碳排放量高。据统计，一条纯涤纶裤子，假定其使用寿命为两年，洗衣机洗涤92次，每次花两分钟熨烫，就会排放出约47千克的二氧化碳，而一件纯棉T恤，碳排放量约为7千克。另外，从衣服的颜色和款式来看，纯色简约的衣服碳排放量低。

因此建议大家，不论是衣服还是床上用品，最好选择浅色、无印花、小图案的，因其较少使用化学添加剂，不仅环保，对人体健康也有益。同时，选购衣物时要避免抗皱、免烫、防水、防污等附加功能，通常这些都是用化学药剂实现的。在平时生活中，也尽量少买衣物，减少机洗次数。数据显示，一件衣服的碳排放主要来自其使用中的洗涤、烘干等环节，如果改用自然光晒干，可以减少碳排放。

洗涤也可低碳

同学们，你们的父母是低碳族吗？他们是低碳时尚达人吗？如果是或想成为是，洗涤的低碳技巧也是不可不知的。

洗衣液 ▶

1 不用洗涤用品也能洗净

各种洗涤用品多少都含有化学物质，从生产到使用，碳排放量很高，而且由于其降解性

▼ 肥皂

差，会对水质和土壤造成危害。

因此，洗涤用品能不用就不用，在洗餐具的时候，如果没有油污，就用清水冲洗；如果有少许油污，可用开水烫；如果油污过重，可以先用餐巾纸擦去油污，或者取少量食用碱，干着擦油污处，再用水漂洗干

▲ 太阳是最好的杀菌剂

净。另外，在清洁灶台、水池等处的时候，可以用小苏打、盐、白醋等天然清洁剂，去污效果也很好。

如果无法避免使用清洁剂和消毒剂，就尽量少用，并使用接近天然成分的，比如肥皂、皂粉等。洗衣液、洗洁精可以稀释后使用；小件衣服和薄衣服尽量用肥皂手洗；机洗衣物用皂粉，严格按照产品推荐使用表上的用量添加。

另外，不要每次洗衣服都加消毒剂，阳光中的紫外线是最好的杀菌剂。

② 洗衣服多攒多泡

　　先将脏衣物浸泡20分钟左右，再放入洗衣机内，可以减少洗涤时间。洗衣粉的出泡多少与洗净能力没有必然联系。优质低泡洗衣粉有极高的去污能力，且十分容易漂洗。如果是半自动洗衣机，在浸泡、洗涤、漂洗的时候，要将浅色衣物与深色衣物分开，按从浅到深的顺序进行。这样不仅可避免深色衣物染花浅色衣物，还可根据脏污的程度选择洗涤时间，有利节电。

　　衣服不能放太少。一般来说，每款洗衣机都有额定容量，当洗衣机的实际洗涤量为额定容量的80％的时候，效率最高。

　　此外，衣服洗完后，尽量不要烘干，还是多让你的衣服晒晒太阳。

▲ 洗衣服要多攒多泡

购物打造低碳生活

购物在人们的日常生活中扮演着一个必不可少的重要角色，自然也要"低碳化"。不难发现，现时人们的购物行为正在发生潜移默化的变化。也许有人会疑问，购物要如何低碳？众所周知，在购物中使用的塑料袋，是"白色污染"制造者，不少国家如加拿大、孟加拉等都已经禁用塑料袋。减少塑料袋的使用是低碳购物的重要环节，不过，低碳购物绝不仅仅是减少使用塑料袋。

▲ 市民使用环保购物袋已成习惯

① 购物习惯：环保袋成时尚新宠 🍃

2008年"限塑令"在全国实施后，商场、超市、一些精品店等地方都不再提供免费塑料袋，取而代之的是不同规格、不同价钱的塑料袋以及各种各样的环保购物袋。大街上，买菜的阿姨拿着购物袋，学生提着购物袋，年轻的上班

🔺 环保袋

族背着购物袋，五彩缤纷。记者走访发现，现在的购物袋不仅仅用于购物，它还体现了一种时尚。据观察，现在市面上的购物袋设计多样，造型新颖，有的是个性涂鸦，有的是简单的花纹，有的是可爱的公仔，还有的购物袋是可以收起来，拉上拉链就成了一个钱包，还有的是折叠后只剩下一只布公仔。不难发现，购物袋已经形成一种风潮，吸引着各个年龄层的人使用。

② 购物方式：网购已成流行趋势 🍃

使用购物袋固然属于低碳购物，但是网购也不失为低碳购物的一种好方式。对于"80后"、"90后"的年轻一族来说，网购已经不是什么新鲜事了。

近年来，"网购"悄然而生，"任凭雨打风吹，网上随心购物"成为真正时尚"潮"人的首选。"购物狂"们

如今已经放弃了大包小包地去商场抢购，而是逛网上商城，选网购优惠折扣，享物流快捷服务……你可能没有发现，选择网购，"低碳"也悄悄地来到了你的身边。不必担心拥挤的交通，不必忍受停车的尴尬，轻点鼠标，碳的消耗和排放几乎为零。

▲ 拥挤的交通

③ 商品选择：首选节能环保型产品

不少商家也正推出低碳环保产品，如蓝月亮洗衣液、李宁的环保服装系列等。据悉，沃尔玛正在制定一项措施，要求供应商在其产品上标注"碳足迹"、水使用量和空气污染指数，消费者可以清晰了解到自己所买的商品的碳排放量。同这一措施也促使有关的供应商向低碳环保生产进发。

Helping to reduce our carbon footprint

•Electric Vehicle•

▲ 碳足迹

采用绿色的出行方式

每月少开一天车。如果全国私人轿车的车主都这么做，那么每年可以节省多少油耗呢？

1 选购小·排量汽车

汽车耗油量通常随排气量上升而增加。那么，排气量低的车与排气量高的车相比，每年会节省不少的油耗，随之相应的二氧化碳的排放量也就减少了。

每月少驾一次车 ▶

2 5公里内都骑车

中国一向被称为"自行车王国"，但如今选择自行车出行的人越来越少了。相反，在欧洲著名的"风车之都"荷兰，自行车却越来越受到欢迎。

由于自行车无污染而且节约能源，所以荷兰政府一直将其视为环境保护工作的一个重要方面。为鼓励市民多使用自行车，荷兰政府在每个城市都兴建自行车专用道，仅阿姆斯特丹市区的自行车专用通道就达到1万公里。政府还提出"5公里内都骑车"的口号，并允许将自行车带上地铁和火车。目前，荷兰拥有自行车的数量比他们的人数还多，足见其对自行车的重视。

▼ 自行车

"自行车是最低碳和健康的交通工具，几年来我一直在倡导骑车出行。"国际保护联盟政策委员会执委委员、北京"无车日"倡导者李波说，荷兰有很多值得我们借鉴的地方，例如建设足够的自行车道、停车点等。由于我国城市比较大，路程远，因此建议人们近距离路途选择骑车，远距离旅途则可以选择骑车与公交地铁并用的方式。"如果有1/3的人用自行车替代开车出行，那么每年将节省汽油消耗约1280万吨，相当于一家超大型石化公司全年的汽油产量。"

3 多乘公交引领低碳

　　传统汽车以燃烧汽油为动力，燃烧后将排出一氧化碳、碳氢化合物等，对大气造成严重的污染。新型电动公交车采用磷酸铁锂电池作为动力能源，能极大减少机动车尾气污染，有助于环境保护。

▼ 电动公交车

　　大多数人选择乘坐公交车出行，其原因主要有两点：一是随着车辆的增加，堵车现象时常发生，自己开车和乘坐公交车所花费的时间基本相当。同时，由于停车是一件麻烦事，不少人经常因为找不到车位乱停车而被处罚；二是乘坐公交车能大大降低个人出行的成本；三是节能环保。

旅行如何低碳

提起出行，一定少不了外出旅游、出差，离开生活的城市，到另外一个地方，不仅涉及交通，而且关系到住宿、餐饮，这其中也就包含着不少"低碳学问"。那么，外出旅行如何做到低碳？我们可以从以下几个方面来做。

▲ 不一样的旅行

1 计划要周详

在出行之前，做个周详的旅行计划，预订一个距离景点或目的地比较近的旅馆，这样可以减少浪费时间和路程，也就减少了碳排放量。旅行时间上，应尽量避开旅游旺季和公共假期，旺季旅游会增加环境的负担，而且费用也更高。

② 床单别老换 🌿

选择目的地住宿的时候，多考虑小规模酒店或青年旅馆，虽然它们仅提供最基本的设施，但意味着能够消耗更少的能源。一次性洗浴用品、每天的床单换洗与房间的清洁都会造成污染，增加碳排放。因此最好不要使用一次性用品，如果连续住宿几天，可以要求不要更换床单被罩和毛巾。离开房间的时候手动关掉灯和空调等电器。

③ 行李少带点 🌿

出行前一定要精简行李，行李少了，路上会更加方便，也就可以多选择步行了。到达目的地旅行的时候，尽量选择步行或是租借自行车观赏景点，少打车。随身带着水杯，尽量少买瓶装饮料，自带垃圾袋，不要在景点随手丢垃圾。如果开车去郊外旅行，不妨在汽车后备箱里放上一辆折叠自行车，到达目的地后，改骑自行车。

▼ 旅行随带自行车

谁"性价比"更高

提倡自行车生活，那么，这是为什么呢？自行车和小轿车，到底哪个的性价比更高呢？我们来进行一下对比。

▲ 不一样的体积

一辆自行车，标准重量为13千克。而一辆小轿车需要1~2吨材料制造，常常只乘坐一人，比自行车利用率低很多。

一辆汽车占用的路面一般可以容纳6辆自行车，一辆小汽车的停放空间能停20辆自行车。

自行车占地面积小

　　一辆汽车走1公里需要的花销是自行车走1公里费用的20倍。

　　自行车不会制造让人心烦意乱的噪音，不会制造严重的交通安全事故。

轿车占地面积大

　　骑自行车可以减少心血管疾病、骨质疏松和关节炎。汽车则会使空气质量低劣、威胁人们的健康和安全。

如何驾驶你的车

同学们，你家里有自己的车吗？你的家人做到每月少开一次车了吗？倘若你的家人必须驾驶，那么他们知道怎样驾驶更省油吗？下面给你介绍几种省油的方法一定要告知你的家人哦。

▲ 自己驾驶环保的车

① 常给车辆减负

很多车主都喜欢把爱车当成自己的家一样布置，各种玩具、日常用品应有尽有，打开后备厢更是满满的。其实，过多的负担不仅会让汽车的加速能力下降，而且还会白白地消耗掉许多能源。所以从今天开始，把不常用的东西都放回家吧。汽车工程师们常说一句话：把引擎的功率提升5千瓦，还不如让车减肥10千克。可见汽车的重量会对一辆车的行驶性能和燃油消耗产生很大的影响。

　　无论是卸下备胎还是只打扫一下后备厢，"瘦身"以后的车辆不仅能体现出动力的增强，并能同时提升一定的燃油经济性。因此，建议只在车上保留

装满的后备箱

最基本的必需用品，把可要可不要的扫地出门，尤其是一些分量可观的如同整箱的矿泉水、整套的工具箱等。待车辆轻装上阵后，降低的油耗必会让你惊喜。更加极端的做法是，每次加油只加半箱，不要小看半箱油，足足抵得上两个备胎的分量。尽管要多跑几回加油站，不仅可有效遏制二氧化碳的排放，省下的油钱也是实实在在的。

后备箱

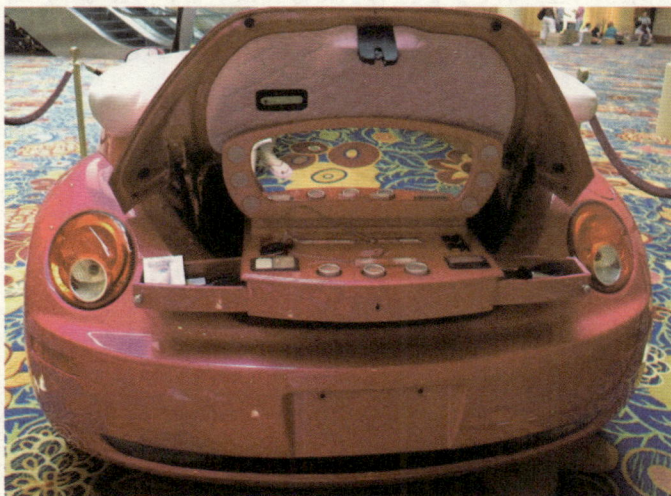

　　另外，不要小看胎压，它的高低与车辆的行驶性能关系密切，调高胎压，虽然行驶的时候车辆的弹跳有所增加，但人们也能够明显感觉到

车辆加速轻快了。没错，人们在计较着车辆油耗高低的同时，大多忽略了胎压这一影响油耗的重要因素。把胎压适当调到允许的上限，不仅动力能有明显的提升，车辆的油耗也会有比较明显的降低，而汽车尾气对空气的污染也将相应减少。

② 选用低碳配件

选择低浓度的机油

有一点大家可能知道的不多，那就是为了省油应为爱车选用汽车使用手册上限定所能用的黏度最低的机油。机油黏度越低，引擎工作时的内阻越低，引擎工作越省力，也就越省油，同时碳排放也就越低。选用不同黏度的机油，车辆每百公里的油耗水平最多可相差近1升，真的相当可观。另外，使用低黏度机油后，多数车主反映车辆行驶更轻快，而声浪也更加清爽好听。当然，这还要看其发动机的状况，黏度过低加上发动机磨损，有可能导致烧机油。

绿色轮胎同样是帮车主减低油耗、减少碳排放的有效工具。在轮胎的配方中采用新型原料，从而降低轮胎的滚动阻力、减少油耗，达到减少汽车废气排放的环保效应。节油轮胎比起同规格产品来说，在负载不变的情况下滚动阻力值平均降低21%~24%。由于每减少3%~5%的滚动阻力就能节约1%的燃油消耗，因此，假如一部车使用4条节油轮胎，平均可降低约5%的汽车燃油量，二氧化碳的排放减少更是可观。

选择绿色轮胎

③ 车辆的故障往往是导致碳排放超标的元凶，必须及时排除

例如一些发动机、变速器的故障，包括最常见的气门积碳、油路栓塞等算不上故障的小问题，也有可能造成车辆油耗的波动，至于一些刹车等方面的故障更是会导致油耗的直线上升。此外，不被人们注意的车辆四轮定位不准等故障，也会造成车辆行驶阻力增大，同样会体现在油耗上。解决了这些问题，不仅顺应形势降低了碳排放，同时也照顾了自己的钱包，何乐而不为。

减少车故障 ▶

家居选床
环保第一位

　　现代都市生活忙碌而紧张，一个温暖的家能带给每个人最放松的休闲时光。可是如何才能让家变得温暖舒适呢？只要掌握一些小技巧，就能轻松打造宜人家居。

　　睡眠质量对人的健康状况和精神状态有很大的影响，而一款好床能够很好地提高睡眠质量。作为家中每天与人体接触时间最长的家具，床的重要性无可厚非。在自身经济条件允许的情况下，选择一款好床是买家具中的头等大事。但怎么挑选好床？买床应该关注哪些方面？

▼ 床.

① 分清材质重环保

按照材质来分，床可分为板材、实木和软包床，其中软包床又包括布艺床和皮质床。这四

布艺包床

种床各有特点，而为了安全，不论是哪种床，环保性能都是关注的第一个要点。

板材床经济实惠，主要使用人造板材，按产地来分，又分为国产板材如露水河板等，进口板材如爱格板等，进口板材的环保性能比国产板材环保性能高。此外，床架一般都是由弯曲的小板材组成的排骨架，此种排骨架弹性较好，但环保性能值得关注。据介绍，此种排骨架并非单个的木块弯曲而成，而是由多层木单板分层涂胶黏合，冷压固化成型而得，也称多层胶合弯曲。用胶量大对其环保性能影响较大。虽然也有实木弯曲做成排骨架，但其成本相当高，售价也很高。所以，如果销售员介绍其排骨架是由实木弯曲而得，且价位还较便宜，自己心里就得先画个问

号了。另有床头是板材，而采用钢框架、钢丝网的床，此种床就解决了其环保性能的问题。

实木床造型多，材质比较环保，但由于国内油漆处理技术并不到位，一般依然使用PU漆，其环保性能也有所降低。此外，由于实木床需要使用大木方料，提高了干燥处理的难度，处理不当后期容易开裂松动，并有响声。

软包床实际上也是板材与软包结合的床，其外表是布艺或皮革，但框架仍是人造板材。软包床除了关注框架中的人造板材是否环保外，还强调其海绵、面料是否环保。

▲ 板材床

▼ 实木床

② 辨别结构查质量

　　确定了材质之后，就可进入详细的选择阶段了。消费者可通过查看床的结构，并结合亲身体验的方式来辨别床的质量。

　　首先可查看床箱与床头是否是分体结构，有的床需要依靠床头来进行固定。消费者可以通过用手摇一

▲ 检查

摇床头，看看是否稳固来检查其质量。床腿数量也是决定床是否稳固的一个因素。"一般来说，数量越多越稳固。"而消费者也可以往床上使劲一坐，看看床是否会晃动，是否会发出响声。带箱体的床板一般都配有液压支撑杆，消费者可以自己感受，拉开看看是否费劲、质量如何等。

　　床架是重要的一个环节。一般来说排骨架弹性较好，但环保性能需多加留意。钢制床架可免除此隐患。木质排骨架也分普通床架和一些升级版的排骨床架。现在的市场上有些排骨架中间有加固的衬条，可以对床的软硬程度进行调节；在肩颈部有专门弯曲条，这种款式可以让消费者在平躺时脊柱部位是平躺的不会塌陷，翻身时刚好可以把肩膀等部位放

入凹陷处，比较舒适。这种结构听来比普通排骨架要高级得多，但专家表示，由于结构是固定的，人需要依据结构来调整自己的姿势才舒服。而好的床是通过

▲ 钢制床架

自身的调节让消费者无论以哪种姿势睡觉都舒服。

此外，消费者还可以通过查看一些细节来看床的质量，如在床角处设置金属连接，这样结构更稳固；是否设有静音垫等。建议在选床时最好在床上躺一躺，坐一坐，亲身感受一下是否有噪音，翻身是否响动太大等。

还值得注意的是，如果采用地采暖，则需选择不带箱体的床，或者箱体不能直接落地，应该与地面有一定距离的床，否则会影响地暖的散热，也会影响地板的质量。

◀ 造型奇异的床

环保类
家居植物大盘点

　　植物放在家里可美化环境、净化空气、调节温度，还有益于身心健康。如果现在是春天，那就让具有药用的花香在居室弥漫吧。

1 床头柜：薰衣草

　　简洁的床头柜上，不妨摆放一些造型比较有特点的花盆，比如优雅、厚重的青花瓷盆。青花瓷配上纤纤、柔柔的薰衣草，别

🌲 薰衣草

有一番风味。薰衣草是具有安神助眠功效的植物，还可抗菌、驱虫、除臭。

2 阳光房：郁金香

郁金香属长日照花卉，喜欢晒太阳，所以我们把它放在阳光房。郁金香好养，适合盆栽。据了解，郁金香有安神、改善疲劳的作用。

▲ 郁金香

3 厨房：杜鹃

水槽是不锈钢材质，稍有冰冷感，需要给厨房添点花花草草调和气氛。杜鹃花色彩鲜艳，花期长，又喜欢凉爽、湿润的环境，放在厨房的水槽边正合适。杜鹃花可以顺气健脾，香味对气管炎、哮喘病有一定疗效。但不适用于花粉过敏的人群。

▼ 杜鹃

④ 客厅：海棠

　　客厅具备充足的阳光，到花卉市场买盆海棠，强烈的视觉效果，会为居室带来浓郁的春天气息。海棠花的香味有安神、健脾开胃、治疗腹胀的作用。海棠入药具有利尿、消渴等功能。

▲ 海棠

⑤ 餐桌上：薄荷

　　雅致的薄荷已被越来越多的人喜爱。在家养薄荷，配上精致的陶盆，放在餐桌上，清凉的香味让你胃口大开。薄荷的香味可以通窍、治疗头痛感冒，可提神解郁、镇定安神，还可防腐去腥、杀菌，餐后饮用更能助消化及去除体内多余的油脂。

6 书房：君子兰

君子兰优雅中透出一股正气，一般被摆放在办公室或书房里。君子兰是万花中气息最好的一种花，还能净化环境。君子兰可理肺气，还有通便的功效。

▲ 君子兰

7 浴室：绿萝

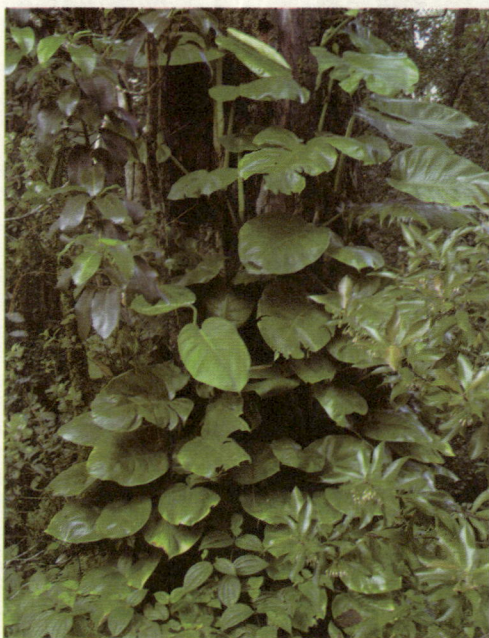

绿萝极耐阴，很多花草都不能适应卫生间"恶劣"的环境，但绿萝却能在这里生存，并能通过类似光合作用的过程，吸收室内装潢后留下的甲醛、苯等有毒气体，墙面和烟雾中释放的有毒物质，是非常优良的室内装饰植物之一。

◀ 绿萝

五步巧选环保漆

现代装修中大量地使用了复合板材、黏合剂和油漆，这些都是甲醛、苯、氨、TVOC、甲苯、二甲苯等毒气的主要污染源。因为毒气的最大来源就是黏合剂，而大多数建材都有黏合的成分，像目前市场上的各种刨花板、中密度纤维板、胶合板中均使用以甲醛为主要成分的脲醛树脂作为黏合剂。这些毒气的危害都是很大的，每年有逾十万人就死于家装污染。

对许多正准备装修的人来说，既然家装污染如此严重，该怎样预防呢？

▼ 环保的装饰

1 眼鼻并用鉴别环保木料

鉴别家装木制建材家具是否环保，首先要过鼻子这一关，拿一块木板，在边槽部位闻一下（若是家具就闻家具表面和柜门里面），如果比较刺鼻，说明甲醛的释放量比较高，是绝对不可以选择的。

光是过了嗅觉这一关是不够的，再进一步的鉴别就得靠视觉了。

方法一：看认证

任何木料如果宣称环保，一定要有国家环保总局的绿色建材十环认证标志。而木制家具则需要有中国质量认证中心CQC家具产品认证。

方法二：看报告

地板和家具需要商家提供省级以上的权威机构的检测报告。值得注意的是，出具检测报告的必须是销售地的质检部门。此外，家具必须提供产品说明书，这是最近才强制规定的。

方法三：看等级

木料的甲醛释放量是有一定的标准的。目前适

▲ 地板

合室内使用的木料的国家标准是E1级，即甲醛释放量为0.5毫克/升~1.5毫克/升；而甲醛释放量小于0.5毫克/升的E0级标准则是我国即将会采用的欧洲标准，这种木料是目前市场上最环保的，但价格也要

家居地板

贵一些。细木工板（夹芯板）的价格在140元/平方米以上；装饰板的价格也在100元/平方米以上；而地板则是200元/平方米以上。

　　详细的鉴别方法以细木工板（夹芯板）为例，正规厂家生产的板材的侧面都会清晰地印有规格、等级、免检情况、甲醛释放等级等。

② 五步巧选环保漆

　　市场上的油漆琳琅满目，让人无从下手。这里教你五招，包你选到环保健康的油漆。

　　步骤一：看油漆外包装的标签标识

　　这些标识中应有产品名称、执行标准号、生产地、型号、规格、使用说明等。如果是知名品牌，一般还附有国家免检证书、名牌证书和中国驰名商标标志。

步骤二：看是否符合标准 GB18581-2001

木器漆必须符合GB18581-2001《室内装饰装修材料、溶剂型木器涂料中有害物质限量》。购买时可要求销售商提供有资质单位出具的合格的环保检测报告。

步骤三：买包装最重的

将油漆桶提起来，晃一晃，如果有稀里哗啦的声音，说明油漆包装不足，短斤少两，黏度过低，正规大厂真材实料，晃一晃几乎听不到声音。

▲ 油漆

步骤四：买耗用量最少的

向出售商咨询油漆的涂刷遍数和涂刷面积，计算用量和每平方米材料成本，不要被每组(桶)单价所欺骗。

步骤五：买专业性配套性强的

质量好的产品往往专业性更强，根据不同的板材提供技术指导和售后服务。

③ 环保认证识好漆

黏合剂在家庭装修中使用量是很大的，但选不好将是最大的污染源。好的胶都会有环境标志产品认证。而假冒伪劣的胶黏剂也好辨别，其主要特征是：胶体浑浊，较长时间存放后出现分层，开启容器时有冲鼻的气味。

家用电器
低碳省电金点子

现在大家日子都很宽裕，手头上也不缺那点电费，但我们仍要养成出入随手关灯、人走熄灯的节电好习惯。现在很多人在不使用家电时仍让电器处于待机状态，其实这样很浪费电，要是一个家庭有10台电器始终处于待机状态，每台待机功耗以5瓦来计算，也就相当于一个50瓦的电器24小时始终不停地在工作。一个月下来，就浪费了几十元电费。下面，给大家介绍一些常用家电的省电技巧。

▼ 放着各种电器的房间

1 电磁炉节电小办法

1.使用电磁炉的时候，选用铁质、特殊不锈钢的平底锅具，锅底直径以12~26厘米为宜，不用时立即关掉电源。

2．用电磁炉炒菜，可在高温档趁油沸时将菜倒下，翻炒到六七成熟后可断电，利用余热把菜炒熟。

▲ 电磁炉

3.电磁炉的通风口应离开墙壁15厘米以上，且不要将异物放进吸气或排气口里。

4.不用时立即关掉电源，以节省电力。

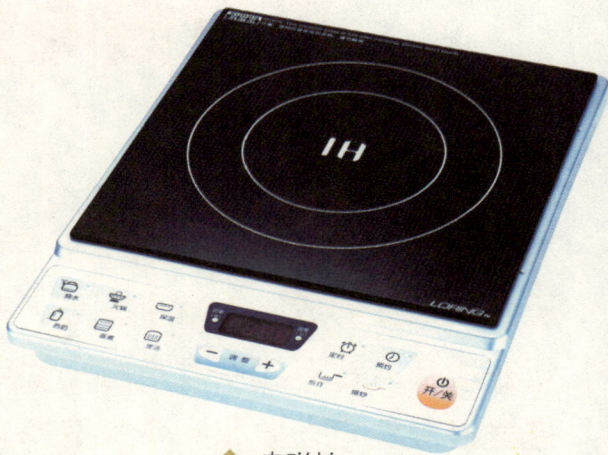

2 冰箱节电小办法

1.冰箱摆放在通风好的地方，两侧和背后留出空间，远留炉灶，不要让太阳晒到，这样冰箱散热好，制冷快，又能省电。

2.根据季节变化、食物的种类和多少，合理调节冰箱温度控制器。冬季调温旋钮转至"1"字，夏季调至"4"的位置，更有利于节电。

3.使用冰箱储存食物不超过容量的80%，塞得太满，会影响冷空气在冰箱内流通。冷冻的食品，在食用前最好有计划地把它转至冷藏室解冻。

4.平时用较小的塑料袋装清水，放入冷冻室里冻成冰块。当家里突然停电的时候，应尽量少开电冰箱门，冰块能使冷藏室仍然保持一定的低温，达到食物保鲜。

5.保证冰箱门紧闭和避免频繁开关，否则耗电量增加，同时会降低使用寿命。

6.电冰箱应定期清除霜垢，定期清洁箱体和冷凝器上的灰尘，保证冰箱的吸热和散热效率，节约电能。

7.电冰箱门缝垫圈损坏的时候，应立即修复，否则耗电会增加5%~15%。

8.包盖好流质食物和固体食物，不要将热的食品放进

▼ 冰箱不要塞得太满

电冰箱内，因为热食品含热量高，将会使箱内温度急剧上升，电量增加。

③ 电视机节电小办法

1.有些电视机插入电源，就会预热显像管，耗电约5~10瓦。因此，不看电视的时候，要把电源插头拔下，既省电又安全。

2.根据家庭人口和房间面积大

▲ 电视机

小，选择适当尺寸的电视机。按时清扫电视机内部零件。

3.电视图像最亮状态比最暗状态多耗电50%~80%，音量开越大耗电也越大。电视色彩、音量及亮度调至人感觉最佳状态，可以节电50%，也能延长电视机的使用寿命。

4.不要在电视机、VCD、DVD和音响机身四周堆放杂物，放置至少应离开墙壁10厘米以上，以利散热。

5.给电视机加盖防尘罩可防止电视机吸进灰尘，灰尘多了可能漏电，增加电耗，还会影响图像和伴音质量。

6.电视机在遥控器关机后仍然处于待机耗电（此时电源指示灯还亮着），因此关机后应关闭电源或拔下电源插头。

4 日常生活照明节电·小·办法

1.定期擦拭灯具、灯管，避免污染物降低灯具的照明效率，定期更换老旧灯管，确保发挥最强光度和放射力。

2.床头灯、房厅吊灯如采用白炽灯，应加装调光节电装置；

3.如楼道走廊等无需连续照明的场合，尽量采用节电装置，如声、光自动控制开关灯具。

4.房内没人的时候，记着关熄房内不必要的电灯，尽量选用节能低碳灯具。

5.设有热感应等感应开关在会议室、会客室、厕所等场所，有人时自动开灯，没人时自动关灯，既方便又可减少照明用电。

6.安装光暗调校器，按需要调校光度。尽量减少开关灯的次数，不用时要记得随手关灯。

7.检查各环境照度是否适当及照明开灯数量是否合理，高照度场所采用局部照明补强照度。

▶ 台灯

七种新方法
有效节能

　　我们都了解了不少低碳知识，那么你知道西方国家是怎么做的吗？最近，欧盟公布了一份能源计划，预计到2020年将煤、石油、天然气等一次性能源的消耗量减少20％。美国也提出了一项节能低碳计划，美国将执行更严格的车辆燃油效率标准，在10年内把汽油消耗量减少20％。在能源紧缺的今天，我们除了要继续号召尽量减少没有必要的能源耗费之外，更重要的是要提出一些节能低碳的新理念，开发节能低碳新技术。美国《新闻周刊》载文指出，提高能效正在成为节能低碳新理念。《新闻周刊》为此总结出世界范围内最有效的6种节能低碳新方法。

1 开发节能低碳建筑

▲ 冬季取暖倡导节能

　　全世界每年消耗的能源有36%是用于室内取暖和降温，因此节能低碳建筑是解决能源紧缺问题最好的方法。建筑节能低碳的关键是使用绝热保温材料，让现代建筑像原始人住的山洞那样冬暖夏凉，夏天外面的热浪不会涌进建筑内，冬天屋子里热气不会散发到建筑外。

　　从墙面上来说，可以在建筑物表面喷涂提高密封性的聚氨酯"保温层"，防止热量通过墙上肉眼看不到的孔隙进行扩散。门窗是热量交换的重点地方，门窗的密闭技术越来越重要，各种各样的节能低碳玻璃也在开发之中。使用能反射阳光的屋顶可以减少建筑物的吸热量，从而降低制冷过程中的能耗。在建筑物上栽种一些绿色植物，也可以减少热量的对流。而通过"捕光装置"把阳光引入室内，能减少大量的照明费用。

② 选用节能低碳电器

全世界20%以上的二氧化碳排放量是居民用电造成的，而居民用电大多用于各种家用电器。除了节能低碳灯泡外，选用其他节能低碳电器也是我们马上就能做的事情。根据国际能源机构的一项研究，如果消费者都选择最节能低碳的电器，那么全世界的居民用电量将减少43%。

▲ 节能的电高压锅

20世纪80年代以来，家电制造商已经将冰箱和其他大型家用电器的能效提高了70%左右，但在这方面仍有改进余地。近几年来，已有超过60个国家通过了绿色环保商标法，以便消费者更明智地选择节能低碳电器。这种做法确实起到了显著的效果。欧盟在1994年要求制造商根据耗电量对家电进行分类后，A等级的高能效绿色电器销售量从原来几乎为零上升到了今天的80%。

③ 充分利用地热

热水器、取暖器和空调等电器的能效其实很差，这些热交换器消耗的能源中只有一部分真正用来调节温度。热泵可改变这一状况，它几乎不消耗传统能源。热泵是一种把热量从低温端送向高温端的专用设备，是节能低碳的新装置。它由蒸发器、空气压缩机、冷凝器等部分组成，利用少量的工作能源，以吸收和压缩的方式，把一特定环境中低温而分散的热聚集起来，使之成为有用的热能。热泵抽取的最多的

现在，很多小·区都开始使用地热取暖。

是地热。与地面相比，地下洞穴冬暖夏凉，这就是地热的贡献，因此我们可以利用地热来节能低碳。地热是一种没有地域限制的能源，世界上任何地区的人都可以利用这种能源。

通过从地下吸取热量，热泵能够起到为房屋或其供水系统提供热量的作用。在夏天，热泵还可以抽取地下的

冷气为房屋制冷。瑞典大多数新建的居民房屋已经使用上了地源热泵，而美国总统布什在得克萨斯州的农场也安装了一个热泵来进行加热和制冷。在瑞典，民用住宅一般在6~9年获得收益回报，而大型商业建筑则只需一两年时间。日本在过去两年共安装了大约100万个热泵为淋浴和澡盆提供热水。

4 驾驶节能汽车

全世界1/4的能源用于交通运输，其中包括2/3的原油。最近，一些国家正在推行油电混合动力车等环保汽车。在汽油消耗量相同的情况下，环保汽车的行驶里程可比传统汽车多出20%。有些汽车节能低碳措施根本不用多花钱，比如你只要让汽车轮胎内充气量足够大，就能将燃油效率

▼ 日益增大的汽车大军需要节能汽车

2007年 美国最畅销的油电混合动力车——Toyota Prius

提高6%。不过人们担心打气太多会爆胎，这也是汽车制造商纷纷开发电子轮胎压力传感器的原因。和全以汽油做动力的汽车相比，柴油车的里程数则最多能增加40%。和以前那种不停冒烟而且很难发动的老式柴油车相比，现在的涡轮增压直接喷射柴油车非常干净而且高效，而且如今在美国加油站都可以加到无硫柴油了。如果到2025年，柴油车能够取代美国1/3的私家车，美国一天就能节约150万桶汽油，相当于现在每天从沙特阿拉伯进口的数量。现在，有公司已开始开发下一代节能低碳汽车：柴电混合动力车。

5 修造工厂能耗设备

全世界约有1/3的能源被工业部门所消耗，工业部门的节能低碳潜力很大。从20世纪80年代以来，日本的一些钢铁制造商一直在这方面处于领先地位。他们将钢炉产生的热量用来发动涡轮，从而产生电能，可以节约超过70%的能源。

在德国路德维希港，著名的化工企业巴斯夫公司经营着200多个连锁化工厂，其中一个化工厂产生的热量，被用来为下一个化工厂制造电能。光是在路德维希港，这种热能和

电能的循环利用就为
巴斯夫公司每年节约
近两亿欧元。与此同
时，该公司的二氧化
碳排放量也减少了几
乎一半。

◀ 巴斯夫大厦

6 扶持节能低碳公司

一听说节能低碳，人们可能会想到需要一大笔钱来购买节能低碳设施，这也是各项节能低碳措施难以推广的重要原因。因此，一些国家的政府开始扶持节能低碳公司，政府拨款组建一些国有节能低碳公司，让节能低碳公司投资为人们安装节能低碳设施。这么说来，节能低碳公司岂不是要亏本？其实不会，节能低碳公司前期投入之后，会和你签订一份协议，让你每年节能低碳省下来的钱的一部分给他们就可以了，数年下来他们就盈利了。不久前，德国法兰克福的一个能源承包公司把美因兹大学的部分建筑改造成节能低碳建筑，使美因兹大学的能源费节约40%左右。根据合约，这家能源承包公司将在之后5年，每年从美因兹大学收取一部分省下的能源费。

▼ 节能/从生活做起

使用空调
如何省电

空调没日没夜地"辛苦"工作。但是对于一般的工薪家庭来讲，一个夏天下来，光电费的支出也是一笔不小的数目。那么，有没有一些省电的办法呢？

▼ 空调温度不要太高或太低

空调房间的密闭性一定要好，窗户要关严，以保持冷气不流失。如房内光照太强，白天可拉上窗帘，挡住一部分热量，室内人员进出最好不要太频繁。

有人为了省电，经常将空调时开时关，其实空调频繁开关是最耗电的，而且压缩机很容易损耗。

空调运行当中，如觉得太凉，无须关闭，只要将设定温度调高就可以了。

冷暖型空调制热的时候尽可能将风板向下，制冷的时候导风板水平，可促进室内空调循环。

空调过滤网应该经常清洗，否则网罩堵塞也会影响制冷效果。

▲ 空调

空调节电小办法

1.购买空调时选用无氟环保能效比高的变频式空调，能耗比值每提高0.1，可节电4%。

2.根据住房面积选择空调制冷量，一般来说15~22平方米一匹半，每增加7.5平方米增加半匹，依此类推。

3.空调温度要适当，冷气设定温度每提高1℃，可省电6%。冬18度夏26度，节能低碳省钱又舒适。

4.对于经常进出的房间，室内温度不要低于室外温度5℃以上，以免影响身体健康。冷气房内配合电风扇可使冷气分布均匀，降低电力消耗。

5.使用空调的睡眠功能，可以起到20%的节电效果。使用空调定时调控功能可设置空调在起床前1~2小时自动关机。

6.每两周清洗空调空气过滤网一次，空气过滤网太脏易造成电力浪费，且有利健康。

▲ 空调

7.空调尽量安装于不受日光直射的地方，东西向的窗户应装设窗帘，减少太阳辐射进入，降低空调用电量。

8.冷气区域少开门窗，以免冷气外泄或热气侵入增加空调负荷。空调不用时，应养成随手关掉电源的习惯。

如何使电冰箱节电低碳

　　电冰箱如果不注意节电，一台一般每月会多消耗约5度电。

　　同样的家用冰箱存放食品，耗电量的多少可大不相同。这里介绍一些节电窍门。

▼ 电冰箱节电窍门

1.选购冰箱的规格大小应根据自己家的需要，不要买过大的冰箱。从我国居民的饮食习惯看，家用电冰箱以每人平均容积50升左右为宜。因此，三口或四口之家可考虑选购150~220升左右的冰箱。冰箱门应密封良好，门封与箱体之间四周应严密吻合。可用一张薄纸片进行测试，看各处是否都夹得很紧，纸片任何一处都不得滑动。旧冰箱也应注意用此法测试，如果密封不良，应予维修或更新。

▲ 电冰箱

2.应将电冰箱摆放在环境温度低，而且通风良好的位置，要远离热源，避免阳光直射。摆放冰箱的时候左右两侧及背部都要留有适当的空间，以利于散热。

3.电冰箱应放在阴凉通风处，离墙要有一定的距离。冰箱的冷凝器要经常打扫，以保证冷凝效果。

4.不要把热饭、热水直接放入，应先放凉一段时间后再放入电冰箱内。热的食品放入会提高箱内的温度，增加耗电量，而且食物的热气还会在冰箱内结霜沉积。

5.尽量减少打开冰箱门的次数。因为开门期间冷气逸出，热气进入，需要耗能降温。放入或取出物品动作要快，不要耽误时间。普通家用冰箱，如果每天开关20多次，每次约20~40秒，不仅会增加电费的开支，还会影响冰箱的冷冻程度；如果每天开关40多次，电费会增加30%以上，还会影响冰箱的寿命。开门次数尽量少而短，每开门一分钟，箱内温度恢复原状，压缩机就要工作5分钟，耗电0.008度。

6.要选择合适的材料包装冷冻物。不合理的包装会使食品味道散失并变干，其中的水分还会很快转化为霜在冰箱内沉积。一般来说，紧凑的包装，保鲜效果更好。由于体积小容易冻透，用小包装比较省电，在存入冰箱前可按每次用量分成几份包装，然后放入。

▲ 减少开冰箱次数

7.冰箱内食品的摆放不宜过多过挤，特别是方形包装食品更是不能摆满，存入的食品相互之间应留有一定的间隙，以利于空气的流通。

8.根据所存放的食品恰当选

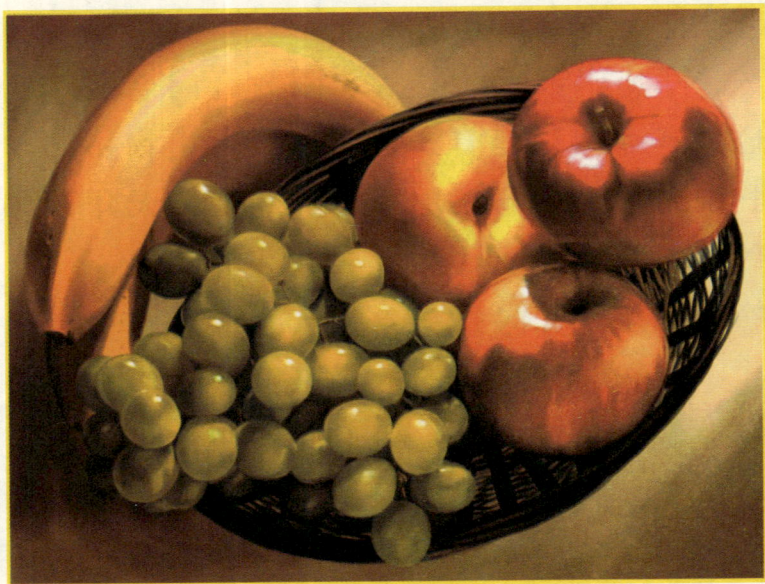
冰箱放入水果有讲究

择箱内温度，如鲜肉、鲜鱼的冷藏温度是－1℃左右，鸡蛋、牛奶的冷藏温度是3℃左右，蔬菜、水果的冷藏温度是5℃左右。要注意的是冰箱温控器的旋钮盘面上所标出的1，2，3，4等数字，不是指冰箱内的详细温度值，只是表示低温的程度，一般指示数字越大，表示冰箱内温度越低。可根据所存放食品的温度需要和环境温度，转动温控器的旋转盘进行调节，使冰箱内的温度达到要求。

调节温控器可是冰箱省电的关键。夏天的时候，调温旋钮一般都调到"4"或者最高处。但在冬天的时候，转到"1"也就可以了，这样可以减少冰箱压缩机的启动次数，省电是当然的了。

9.放在冰箱冷冻室内的食品，在食用前可先转移到冰箱冷藏室内逐渐融化，以便使冷量转移入冷藏室，可节省电能。

10.要保持冰室内的清洁，及时除去霜层。冷冻室挂霜太厚时，制冷效果会减弱。化霜宜在放食品时进行，以减少开门次数。完成冰箱清洁作业后，要先使其干燥，否则又会立即结霜，这样也要耗费电能。冰箱霜厚度超过6毫米就应除霜。

冰箱内食物不宜过挤

11.水果、蔬菜等水分较多的食品，应在洗净沥干后，用塑料袋包好放入冰箱。以免水分蒸发加厚霜层，缩短除霜时间，节约电能。

12.夏季制作冰块和冷饮应安排在晚间。因为晚间的时候气温较低，有利于冷凝器的散热。

13.冰箱盛水盘上方的滴水管道，是冰箱与外界空气唯一直接交换的通道，所以泄冷现象是不容忽视的，如果用一团棉花裹在滴水漏斗上，然后用细绳或胶布包扎，那么就能达到省电的目的，在夏天外界的温度为35度时，甚至可以省电10%以上！

冰箱内不要放热的食物

怎样减少
家电互相干扰

现代家庭多数购有彩色电视机、收录机、电风扇、洗衣机、电冰箱等家用电器，这些电器会相互发生干扰，尤其是彩色电视机受的影响最大。怎样减少家电的互相干扰呢？

洗衣机 ▶

　　首先，电冰箱和电视机应尽量离得远一些，有条件的不要把它们放在同一房间里，如条件不许可，也要分别安装电冰箱和电视机插头。相邻的住户，冰箱和彩电不要靠近同一面墙。电冰箱和电视机应分别安装上各自的保护器或稳压器，并要将两者的电源线分开，不要在同一面的墙上。

　　其次，电视机与收录机、音箱要保持一定的距离，不要靠得太近，因为收录机及音箱中有带有很大磁性的扬声器，并在周围形成较强的磁场，而彩电的荧光屏后面装有一个钢性的栅网，如果长期处在较强的磁场中，就会被磁化，使电视机的色彩不均匀。

▲ 电冰箱

您会用遥控器吗？

现在不少家用电器都配有红外线遥控装置。但要注意正确地使用和维护，否则会使遥控器失灵甚至损坏。

1.使用遥控器的时候，遥控器与遥控接收器之间的距离不要超过10米，使用的时候应将遥控器对准电器的接收方向，左右偏差角度不能超过25度。

▼ 电饭煲

2.遥控器与接收器之间不能有障碍物，如人、物体等等，以免阻碍物阻挡红外线的正常传播，使遥控器失灵。

3.使用遥控的时候应避免强光，包

括阳光、灯光照射，不然会影响遥控器的使用效果。

4.遥控器可使被控电器处于暂时的关闭状态，但内部有些电路仍在工作，不能完全关闭电器，因此不用电器的时候应及时关掉电器电源或拔出电源插头，不能用遥控器关闭电器后就算完事。

▲ 遥控器要放在阴凉处

5.长期不用遥控器的时候，应将盒里面的电池取出，以免电池内电解液漏出腐蚀盒内元件，遥控器表面如有灰尘、油污可用软布蘸肥皂水擦拭。遥控器的发射窗口和电器上的接收窗口应保持清洁，以免影响正常使用。

▲ 遥控器

MP3省电六则

　　MP3的很多玩家抱怨他们的MP3播放器播放时间不长，那么，在使用MP3的过程中，如何可以最大程度地节省电源呢？以下六招，不妨一试：

▼ 音乐伙伴"MP3"

▲ MP3

1.如果对音效要求不是很高，就尽可能少用EQ模式，因为这会加重解码芯片的负担。

2.善用播放列表功能，把喜欢的歌曲花几分钟做成列表，免去反复next的操作。

3.对于使用充电电池的MP3播放器，每个月至少有一次要将其电量全部耗尽，然后重新充满，这样才能保持电池活性，延长它的使用寿命。

4.调整背光时间。背光时间定在10秒左右比较适合，这样可以节约电能。如果外出郊游，光线良好，可以直接设置成off。

5.保持播放器凉爽。MP3播放器机身温度过高，就会影响电池的连续播放时间。解决办法很简单，只要少用皮套、海绵套之类的东西就可以了。

6.锁定播放键，防止误操作。MP3放在背包中或枕边，因为不小心触动电源开关的事情时有发生，所以在使用中要锁住hold键，防止误操作造成电源白白浪费。

少用MP3皮套 ▶

教你选购洗衣机

洗衣机是每个家庭必不可少的家用电器，所以选购起来一定要慎之又慎，不要因为一时的疏忽买上一台"问题货"，影响家人心情不说，也干扰了正常生活。

那么购买洗衣机的时候要注意些什么呢？下面给大家支几招，希望对大家购买洗衣机能有些帮助。

▼ 洗衣机

1.根据家庭的需求情况和市场的供应状况首先选择洗衣机的种类、规格、型号和牌号。

2.打开包装箱，检查洗衣机的外观质量。外形要求美观大方、平整光洁、色彩淡雅、线条清晰；箱体表面没有划痕，油漆坚硬光亮；塑料件没有翘曲变形，没有毛边毛刺、裂纹裂缝等，洗衣桶内表面应该光滑。

3.检查各部件的质量。打开桶盖，要求桶体平整光滑，没有问题。波轮与桶体四周缝隙要求在1～1.5毫米之间。用手转动波轮，左右转动灵活，没有异常的声音。用手按控制面板上的按键开关，旋转定时器或程序控制器，要求动作自如。

4.通电试转。双桶半自动洗衣机要求波轮能正、反运转。定时时间将到的时候，蜂鸣器告警。脱水桶能够转动，打开脱水桶盖，脱水桶能被刹住，停止转动。

全自动洗衣机要求能按设定的程序进行运转。进、排水阀门控制正常。

5.根据说明书检查随机附件是否齐全，功能是否良好等。

▲ 不能只看外观，里面也要检查

洗衣机
节能低碳窍门

使用洗衣机怎样做到节能低碳呢?

① 精选清洗程序

　　洗衣机洗少量衣服的时候，水位定得太高，衣服在高水里飘来飘去，互相之间缺少摩擦，反而洗不干净，还浪费了水。目前，在洗衣机的程序控制上，洗衣机厂商开发出了更多水位段洗衣机，将水位段细化，洗涤启动水位也降低了1/2；洗涤功能可设定一清、二清或三清功能，我们完全可根据不同的需要选择不同的洗涤水位和清洗次数，从而达到节水的目的。

精选洗衣程序 ▶

② 提前浸泡减水耗电

对于洗涤时间可通过织物的种类和衣物脏污的程度来决定。在清洗前对衣物先进行浸泡，可以减少漂洗次数，减少漂洗耗水。

③ 适量配放洗衣粉

洗衣粉的投放量（即洗衣机在恰当水位的时候水中含洗衣粉的浓度）应掌握好，这是漂洗过程的关键，也是节水、节电的关键。以额定洗衣量2千克的洗衣机为例，低水位、低泡型洗衣粉，洗衣量少的时候约要40克，高水位的时候约需50克。按用量计算，最佳的洗涤浓度为0.1%～0.3%，这样浓度的溶液表面活性最大，去污效果较佳。市场上洗衣粉品种较多，功能各异，可以根据家庭的习惯进行选择。过多配放洗衣粉，势

必增加漂洗的难度和次数。

④ 衣服集中一起洗

衣服太少的时候不要洗，等多了以后集中起来再洗，也是省水的好办法。

⑤ 充分利用漂洗

1.增加漂洗次数，每次漂洗的水量宜少不宜多，以淹没衣服为准。

2.每次用的漂洗水量相同。

3.每次漂洗完后，尽可能将衣物拧干，再放清水。

4.如果将漂洗的水留下来做下一批衣服洗涤的水用，一次可以省下30~40升清水。

充分利用漂洗

不开空调
清凉有绝招

为了避免较少地使用空调，人们开始减少使用空调的频率。在炎夏时节，除了用空调之外，采用一些简单方法也可以使居室变得舒适凉快，做到低碳降温。

▼ 夏季关窗可降温

1 开关门窗有学问

许多人以为炎夏需要让门窗大开才会凉快，其实并不是这样的。炎夏的时候，白天室外气温高，门窗大开的话，阳光和热辐射伴着阵阵热空气向室内袭来，会使室内外变得一样热。

在早晚凉爽的时候开启门窗通风，让空气流通，而在白天尤其中午的时候就需要将门窗关闭，以隔绝室外热空气的侵袭，并拉上浅色窗帘，阻挡阳光，反射热辐射，能使居室变得较为凉快。

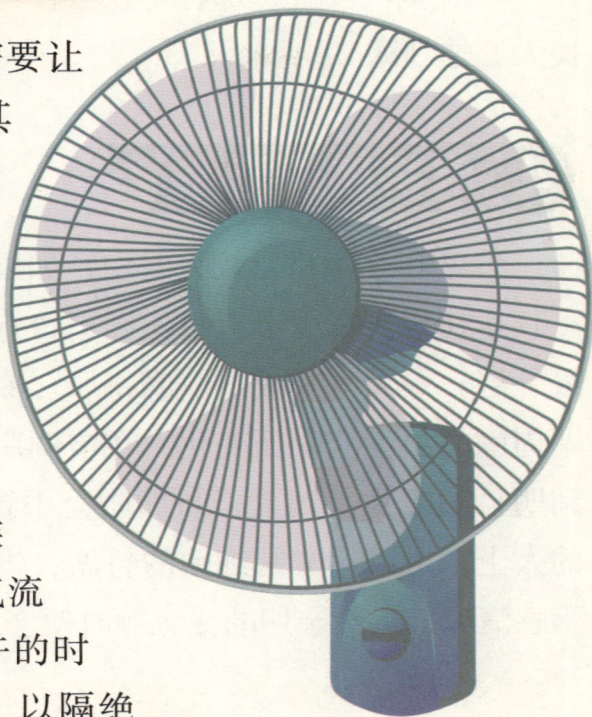

🔺 电风扇

2 风扇+水好降温

在用湿拖布擦地后，开电风扇使地面水分蒸发吸热，也可在风扇前置一盆凉水，开启风扇使水分蒸发出凉风，这样也可起到降低室温的作用。

3 干净整洁祛烦躁

夏天室内一定要收拾得干净整洁，把用不着的东西妥善收藏，使室内有较大的空间，会使人感到舒适。

切忌室内凌乱，那样不仅会使人感到闷热、憋气，还会使人心情烦躁。

④ 麻将席最清凉

竹席和草席相比较为耐用，如果保养得好的话，其寿命可长达10年。市面上有竹丝席、竹青席。最常见的用竹子的最外层——大青制成的"麻将块"凉席。竹属寒性植物，随着周围的温度变化而变化，在空调房间中降温快，人能感觉到明显的凉意。因此，竹席颇受中青年的青睐。有DIY创意的人士，可以用非常细薄的竹席，当壁纸一样贴在墙面上，手感清凉，自然亲切的绿意顿时便会洋溢于你的居室中。

竹席

5 刨冰机好实用

炎炎夏日，酷暑难当，可以自己买台刨冰机在家中DIY，动手做一份可口的水果刨冰！放入冰块轻轻搅拌，一杯冰凉爽口的刨冰就呈现在面前啦！再把一些喜爱的水果放入搅碎，放在冰霜上，一碗冰爽的水果泥沙拉刨冰就这样做好啦。它还可以榨橙汁！制作刨冰、水果泥、榨橙汁，可称得上是一机三用。

▼ 家用刨冰机

6 迷你风扇最可人

迷你手风扇，轻轻一推，凉风习习，只需要放几节电池。夏日，女孩子在化完妆以后，肯定又会出汗，对着迷你手风扇吹上一小会儿就好，还不会弄乱漂亮的发型。款式、颜色都很多，卡通类的最可爱，随身携带更方便。

电视机低碳

为节约电能资源，在减少你的电费开支的同时做到低碳环保，下面推荐一些电视机的节电常识。

Geräteübersicht (7)

Bewegungsmelder   Ein
Türklingel   An
Luftfeuchtigkeit   33.0%
Temperatur   23.8°C
Fenster   offen
Deckenfluter   50%
Schaltaktor   Aus

▲ 看电视也要做到低碳

▲ 延长你的电视机寿命

　　电视机在使用的时候，控制电视屏幕的亮度，是节电的一个途径，以20英寸的彩色电视机为例，最亮的时候功耗为85瓦，最暗的时候功耗仅55瓦。

　　电视机屏幕的选择要适当，22寸彩电比14寸耗电一倍以上，因此，家庭以14~18寸为好。

　　电子管比晶体管和集成电路电视机多耗电五倍，故不要购置电子管电视机。

　　电视机不看的时候应拔掉电源插头，有些电视机在关闭以后，显像管仍有灯丝预热，特别是遥控电视机在关闭以后，整机处在待用状态仍在用电。如果不想看某节目，可调小音量和亮度。

　　同学们，赶快行动起来吧，做个低碳环保的小卫士。

如何
烧水更低碳

当你看到这个问题时不禁会发笑，因为这是一件最普通的家务事，但是，如何以最小的代价烧开一壶水却是一个学问，下面有三种方案，你一定能自己作出选择：

▶ 烧水也有学问

假定一壶水有5千克，冷水的温度是20℃，要烧开它必须要1675千焦的热量。

方案1：用电水壶烧。电水壶的效率是75%，所以要烧开5千克的水实际需要消耗2233千焦的热量，相当于0.62千瓦，按现行的电价0.53元计算，需要0.33元。

方案2：用石油液化气烧。煤气灶的热效率为55%，所以要烧开5千克的水实际需要消耗3045千焦的热量，相当于0.072千克石油液化气，按现行石油液化气价格每千克3元计算，需要0.22元。

方案3：用燃气热水器与煤气灶混合烧。因燃气热水器出口温度最高可达70℃以上（热效率为75%），以70℃计算，从20℃~70℃段，用燃气热水器烧，需要1047千焦的热量，从70℃~100℃段，用煤气灶烧，需要628千焦的热量，两段实际需要的热量分别为1396千焦、1141千焦，合计2537千焦，相当于0.061千克石油液化气，按现行石油液化气价格每千克3元计算，需要0.18元。

从上面的几个方案的计算与比较，你一定已经明白了什么叫多快好省。

▼ 烧水也要多快好省

了解电热水器
营造节能低碳

1 电热水器常识

常见的电热水器主要有即热式和贮水式两种，贮水式电热水器又分敞开式和封闭式两种。即热式电热水器功率通常在4~6千瓦，而其工作电流却高达18~27安培，超出大部分住宅所能承受的15安培的容量，不适合一般家庭使用。

▲ 电热水器

贮水式比较适合家用。封闭式电热水器的选择关键是内胆。种类主要有：

1.热镀锌覆防锈树脂内胆寿命较短，只用于小容量的电热水器。

2.不锈钢内胆材质好，不易生锈，但焊缝隐患难以发现，经多次热胀冷缩后，不锈钢中的铬

电热水器上应该具有相关认证标志

会被自来水中的氯离子腐蚀而产生焊缝漏水。

3.钢化搪瓷内胆表面的瓷釉为非金属材料，既不生锈，也不易产生水垢，厚钢板制作，有较强的耐压能力。高釉包钢内胆是钢化搪瓷中较高等级，可使用10年以上。

② 如何选择电热水器

1.选择具有认证标志的产品

好的电热水器应该具有防干烧、防漏水、防触电，以及过热保护装置等多重安全保护功能。电热管是电热水器的核心部件，一定要选不锈钢制作，才能抗腐蚀，不漏电，可靠耐用。有的产品还在电源插头上安装了漏电保护器，一旦发生漏电，可在瞬间迅速切断电源。一般来说，凡是经过国家家用电器检测中心检测合格，并有国家相关认证机构颁发"3C认证"标志的产品，用户均可放心选用。

2.按家庭人口来选择热水器的大小

选择贮水式电热水器应该根据安装位置和家庭人口多少来定。一般两口之家买40~50升的电热水器即可，或以每人20~25升为宜。

3.注意电路的承载能力

在选购电热水器时，还要考虑住宅用电线路及电表等所能承受的负载，一般加热功率应在2000瓦以下。由于电热水器耗电量较大，电费开支对用户来说是不得不算的一笔账。所以，消费者在选择时应考虑买保温层厚，保温材料密度大的产品。

▼ 选购保温的电热水器

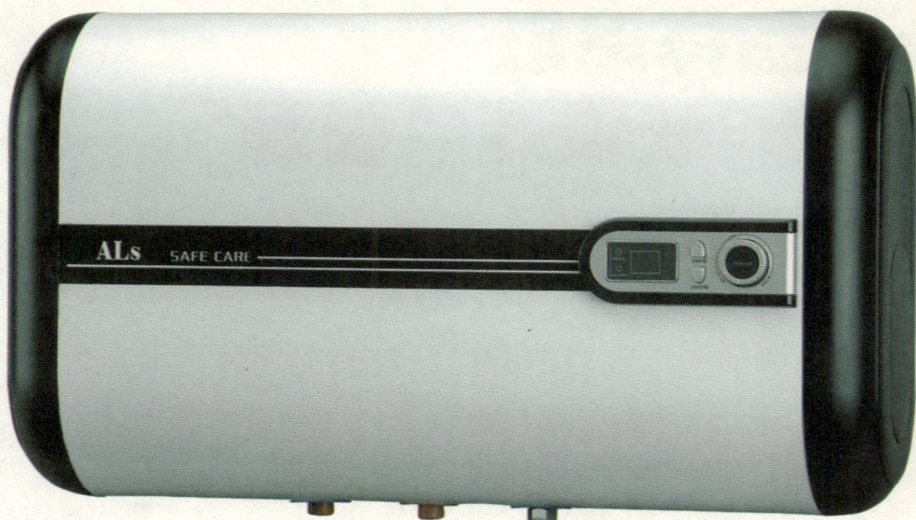

▲ 电热水器

③ 电热水器节电窍门

1.选择高品质、信誉好的电热水器。

2.选择保温效果好，带防结垢装置的电热水器。

3.执行分时电价的地区，在低谷时开启，蓄热保温，高峰时段关闭，可减少电费支出。

4.淋浴器温度设定一般在50℃~60℃，不需要用水时应及时关机，避免反复烧水。

5.如果家中每天都需要使用热水，并且热水器保温效果比较好，那么应该让热水器始终通电，并设置在保温状态。因为保温一天所用的电，比把一箱凉水加热到相同温度所用的电要少。

6.夏天可将温控器调低，改用淋浴代替盆浴可降低费用。

怎样保证
低碳灯 "长寿"

　　要发挥节能低碳灯的效益，首要的是保证节能低碳灯的长寿使用，须注意以下几点：

▼ 低碳节能灯

1．不要在高温、高湿的环境下使用。由于现在的节能低碳灯多是紧凑型的，它的内部散热条件极差，印刷电路板布线间距很小，内部又处于高频高压的工作状态，因此，高温、高湿下很容易导致磁性材料的变性、线路之间放电、晶体管的二次击穿、元件焊盘过早出现热应力缝隙等。举例说来，在浴室和厨房使用这种灯就不太合适。

安装低碳灯时要注意安全

2．由于节能低碳灯的灯管很娇嫩，与灯体的连接工艺不是很理想，在活动较多的场合，如台灯上使用这种灯要借助灯自身或台灯灯罩进行灯管的防护，可以选用尺寸较小的环形（O形）节能低碳灯，既能取得光线均匀的效果，又能得到很好的防护。要特别注意的是，安装、拆卸这类灯的时候不要手持灯管部位，以免其受力破裂。

低碳灯

3.不要把这种灯装在有调光装置的灯座内，以免发生不测。

4.自行拆卸这种灯的时候要注意，一是灯体上下两部分多为卡口而不是螺纹连接，不少用户直到把内部引线都拧断了都无法打开灯体就是此原因。

▲ 自行拆卸低碳灯时要先了解其结构

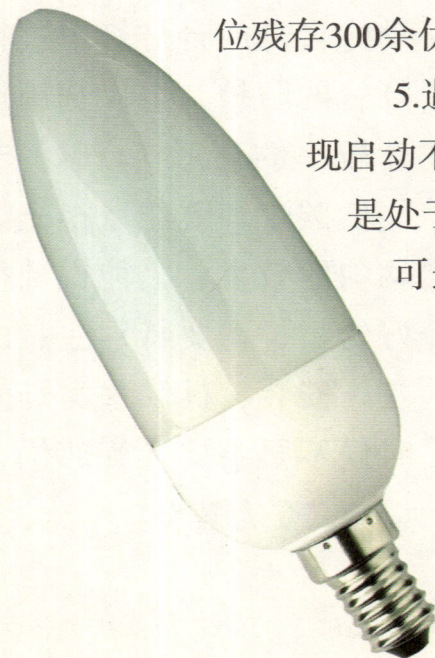

二是出现启动故障的灯，断开电源灯打开它仍有可能在某些部位残存300余伏的高电压，一定要注意安全。

5.遇到天气过冷或电压过低，灯出现启动不良的现象时，千万不要让灯老是处于灯管发红的大电流启动状态，可迅速关闭后再次通电，往往二次启动可以奏效。

◀ 遇到问题要仔细查看说明书

低碳装修
健康省钱两不误

　　海拔最高、全程最长的火车开往拉萨时，人们最担心的是如何与自然和谐相处，把环保做得更好。如今的装修，环保、节能低碳同样是最关心的问题，受重视程度越来越高。节能低碳环保家装通过科学设计并配以节能低碳建材，才能实现省钱的目的。

1 科学的设计讲究简约

要想节约居住能源，在装修设计时就要打好基础。首先应遵循简洁、实用的原则，设计上应摒弃那些既浪费资源又影响日常生活舒适程度的繁琐设计，减少材料的浪费。简约并不等同于简单，简约是一种空灵之美，通过设计技巧的处理，在实

简约已成主流

现装饰材料节约的同时，还能保证居室的品位与空间。目前，在国内外装饰行业，简约已成为家装主流。

尽量保持原有的南北通透结构，不要人为改变。通透的空间能给人宽阔、轻松的感觉，也能保持空气流通，特别是夏季，南北通透的房间即使不用空调、电风扇，也能

🔺 复合地板

感受自然、凉爽的"穿堂风"。

使用价格不高但质优环保的复合地板和智能化节能低碳产品，在装修时应避免不必要的灯光设施，多使用节水型洁具，尽可能走捷径布置线路，水管方面多采用保温层等。如果将上述科学节约的理念融入设计和节能低碳产品中，至少可以节约20%的装修费用。

2 节能低碳材料应用省开支

选择节能低碳灯具，灯具尽量能够单开单关；缩短热水器和水龙头之间的距离，因为距离越近，在管路中损耗的热量就越少；用中空玻璃代替传统的单玻

🔺 多用节能灯

璃，铺设木地板时，在木板下放置石棉板等保温材料，以提高房间的保温隔热性，使房间开空调两个小时等同于普通房间开空调五六个小时的效果。

室内的热量和冷量有三分之二是通过外墙和窗户散失到室外的。对已居住的人来说，还有一个更简单有效的方法——用两层窗帘来调节房间温度，白色薄纱窗帘透光性强，白天有利于反射太阳光，厚质地、深色调的布料窗帘则可保暖。夏天开空调时，用窗帘减少室内外热量交换，可起到隔热保温的作用。

如果一家四口人居住一套100平方米的房子，夏季室温保持在26℃左右，家里使用一台功率为2匹的空调，那么一天下来，仅空调就要消耗10度至15度电；而采用了具有保温效果的节能低碳型装修材料时，空调一天只用5度电就能保证生活需要了。一年下来，电费就能节省1022元到2044

元。家庭装修装饰时有没有"节能低碳"这根弦，直接影响着你以后交电费、水费的账单。所以，如果注意使用节能低碳器具，小家庭的日常相关费用能省下一半。

了解T5
低碳荧光灯特性

    高功率T5日光灯管之所以受到国内外市场的关注与青睐，主要是因为灯管的体积细小、光效高、演色性好、光衰小、寿命长、无频闪等。这些特性为使用者提供了更多的使用空间，使之达到节省能源的重大效果，是21世纪绿色照明理念最佳采用的光源产品。这当然是我们低碳的首先。这里我们了解一下它。

▼ 连接在一起的 T5灯管

① 光效高

萤光粉对于日光灯管是非常重要的。好的萤光粉可以提高灯管的光通量，三波长萤光粉较一般卤粉可以产生较多的光。光效的定义是：每一瓦耗电所产生的光量。例如：一支14瓦的T5灯管可以产生1325流明的光，平均每一瓦可产生94.64流明的光，这就是光效。

▲ T5 灯管

② 节省用电

T5灯管可大幅节省用电。T5同比照度下比T8节省用电35%以上。

T5高功率日光灯管演色性高，显色指数CRI达到80以上。而一般T8日光灯管因使用的萤光粉是普通的卤粉，演色性指数CRI只能达到65左右。高演色性日光灯能使灯光下被照射的物品色彩鲜艳、逼真，可见度高。

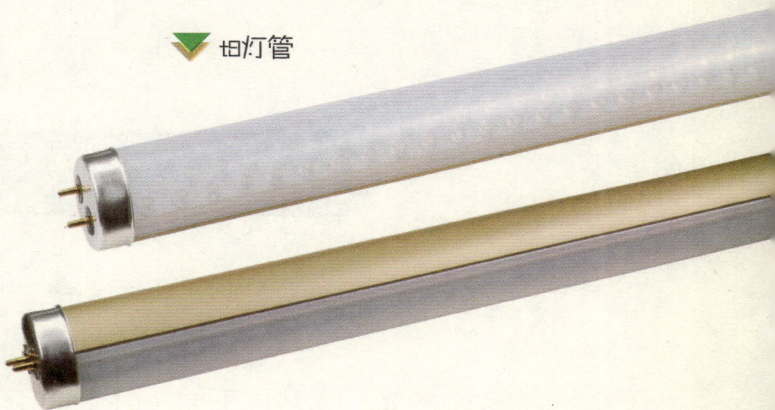

▼ T8灯管

③ 无频闪

T5高功率日光灯管配置了高频之电子安定器，其工作频率可达由30~50KHz，亦即每秒频闪30000~50000次，因此灯管不会有闪烁现象。而普通T8或T9灯管由于配置之安定器为传统电感式安定器，工频仅60Hz，每秒闪60次，会导致灯管频闪。日光灯的频闪，无形中会影响人的情绪，分散人的注意力，最严重的是影响人的视力。使用无频闪的T5高功率日光灯管会给工作与生活创造一个安静、舒适与健康的照明环境。

④ 光衰小，使用寿命长

▲ 与旧灯管相比，T5有很大优势

较小之光衰取决于良好的使用材料与精良的制造技术。T5高功率日光灯管采用优质萤光粉，灯管具有光衰小、使用寿命长的特性。

5 原材料消耗少

　　T5日光灯由于它的管径仅有1.6厘米，因此生产T5日光灯管的主要原材料玻璃和荧光粉仅为T8日光灯管的43.8%，体积仅为T8日光灯管的57%。减少物耗，缩小体积，方便仓储与运输，减低成本。

6 低室温、低电压条件下启动

　　T5日光灯配置电子安定器，能在低室温与低电压的情况下启动。T5日光灯在−15℃以上都能正常启动，电压在低于20%以内启动不受影响。日光灯常会因为天气严寒或电压偏低，启动的时候一跳一跳怎么也亮不起来，既耽误时间，又影响工作与生活。采用T5日光灯，可以免除这方面的麻烦。

▼ t5灯管

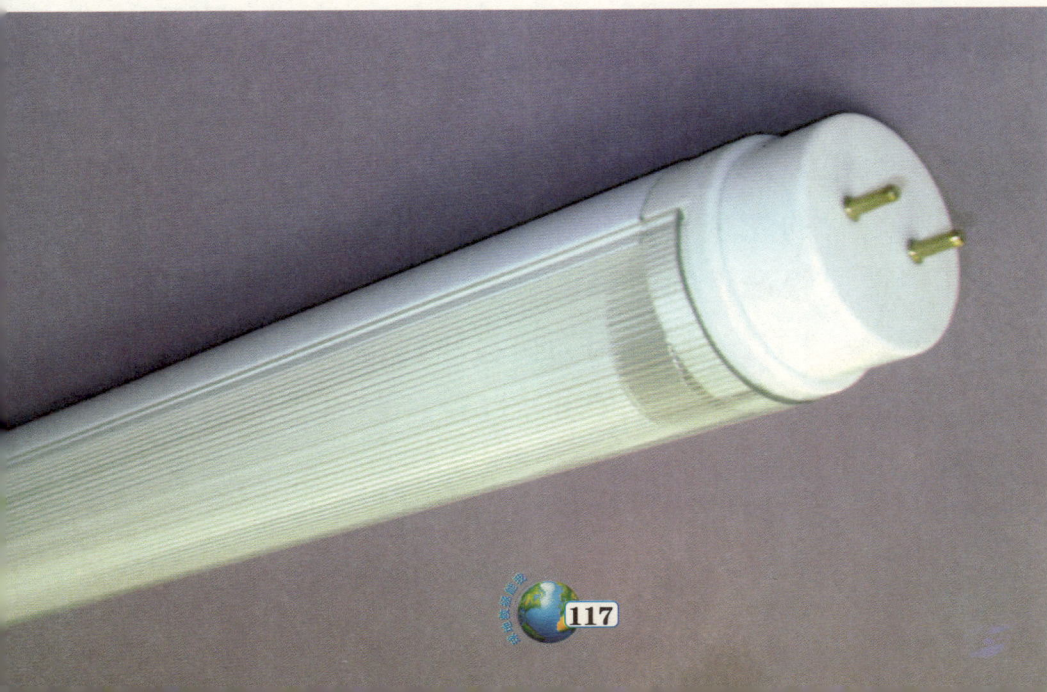

7 注汞少，减少环境污染

汞（水银）是日光灯管非常重要的原料。注汞量不精确会影响灯管的光衰与减低灯管的使用寿命。但是，汞也会对环境造成很严重的污染，减少汞的使用量是当前环保的重要课题。T5日光灯管因为口径小，体积也小，相对于较大口径的传统T8、T9与T10等灯管，T5灯管的汞含量最少，因此，可以减低对环境的污染。

移动的精彩
笔记本低碳与降噪全攻略

在以前，笔记本无法超越台式机性能，还只是停留在上网、办公等日常需求上。而今天，笔记本技术突飞猛进，性能已经不再是瓶颈，然而和台式机一样，目前笔记本的高性能与低功耗也同样无法平衡。高性能、高功耗所带来的直接影响是高发热，同时工作温度也急速提升，副面影响则是高噪音以及电池续航时间大大降低。当你将本本抱回家使用一段时间后，你会发现原本

笔记本移动办公 ▶

"鸦雀无声"的本本，噪音变得越来越大，特别是在夜深人静的夜晚，伴随着你的是那"嗞嗞、咔咔"的噪声。所以，如何减少噪音，以及如何提升电池的续航时间等问题则成为我们所关心的话题。

1 噪音：清理风扇改变局面

笔记本在使用一段时间后，由于周围环境影响（特别是经常外出使用），笔记本散热口部位容易进入灰尘和脏物，久而久之，这些灰尘和脏物积满CPU风扇和散热片间隙之间。当风扇转动的时候，由于灰尘的堵塞声音会特别大，而散热片间隙时间的灰尘导致风道堵塞，使对流无法正常进行，所以风道不

保养好笔记本 ▶

顺畅带来的噪音是笔记本最大的噪音因素。

也许不少用户认为笔记本和台式机一样，更换风扇和散热片即可解决问题。但每款笔记本内部结构各不相同，业内也没有笔记本CPU风扇的统一标准。所以从市面上几乎买不到笔记本CPU风扇，除非到厂商指定产品型号去定做，并且厂商一般都以300元左右的价格出售，所以更换新风扇对于笔记本来说不太现实。那么，最简单而常用的方法是清理风道灰尘了。

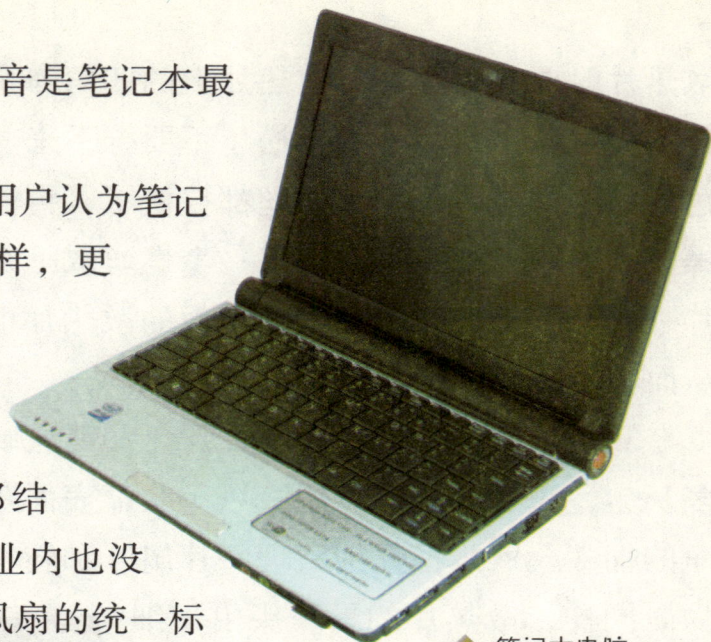
笔记本电脑

1.首要要做的是拆下CPU风扇和散热片，不同笔记本的拆除方法不一，大家可参阅产品附带的说明书，以东芝A10为例，在笔记本背部找到CPU位置所在的"天盖"，用螺丝刀小心地将盖子上的螺丝取下来，螺丝拧下来后小心翼翼地将盖子取下来，此时就能看到风扇和散热片了。和台式机不同的是，笔记本散热片的一端是通过一块四角软性弹簧铁片固定在CPU上，另一端被放置在散热口部位，而风扇不是安装在散热片上。

2.用小号螺丝刀将风扇的固定螺丝取下来，然后将风扇电源插座小心地拔下来，这样就完成了风扇的拆除。在拆散热片时要格外小心，散热片上的四角弹簧铁片有四个螺丝，先把其中一个螺丝拧松（不要拧下来），然后再拧对角的那个螺丝，等四个螺丝都拧松了，再一个一个全部将螺丝取下来，如果一次性将一个螺丝取下来，四角弹簧铁片一角会突然"弹"起来，下面的散热片也会随之乱动，从而会损伤CPU表面。

3.风扇和散热片取下来后，会发现风扇扇叶之间有很多灰尘，先用吹风机（用冷风）吹掉表面灰尘，然后用干净的棉签蘸取酒精仔细清理每片扇叶和转轴中心位置的脏物。同样，散热片的另一头由于细孔很细密，也只能用吹风机吹。所有工作完成后，按同样的方法装好风扇和散热片，开机，你会发现笔记本噪音有明显下降了。

CPU风扇：非迅驰也自动调速

对于笔记本而言，尽管主流的迅驰笔记本可以通过温度自动调节CPU风扇转

▲ 笔记本电脑

速，从而达到降噪目的，但对于一些非迅驰笔记本，比如移动赛扬、移动P4以及一些比较老的PIII笔记本电脑，它们并没有温度传感器让CPU风扇自己调速。

CPU风扇调速软件有很多，比如CPUidle、CPUcool以及SpeedFan等都能实现不同的降温和降噪。以SpeedFan为例，它能够依照你的计算机内部环境情况控制风扇的转速，从

而减少噪音。

　　运行软件，在主界面中可以看到当前CPU的占用率以及笔记本内部各环境温度，点选"自动调整风扇转速"，软件会根据笔记本的温度情况自动调节风扇转速，比如在运行3D游戏等需要大负荷运算、设备发热量大时的程序时，通过SpeedFan来适当提高CPU风扇转速以加强散热，保障超频的实效和爱机的安全。而在处理文稿、上网浏览等CPU轻量级工作时或者在夜间感到风扇噪音大时，则可将风扇降速使用，以节省电量、降低风扇噪音。

　　如果希望手动强制降低CPU风扇转速，可以点主界面中"速度01"的向下箭头，每次调节的幅度是5%，或者点"配置"按钮进入设置界面，然后进入"转速"选项页，点一下风扇标志，接着在下面"最大值"和"最小值"中设置风扇转速显示范围。建议非迅驰笔记本最大设置为100%，最小不要低于50%。

▼ 笔记本电脑

节约用水
营造低碳生活

目前，人类处在一个大量生产、大量消费、大量废弃和排放的奢侈时代，繁荣和富足的背后是资源的大量消耗和环境的过度破坏。中国人均二氧化碳排放量已达到世界平均水平，目前年人均二氧化碳排放量约5吨。如果每个人能做到适量消费，就可以减少废弃和排放，也能避免刺激大量生产。科技部和中国21世纪议程管理中心编著的《全民节能减排使用手册》中，计算了百姓生活中衣、食、住、行、用等36项日常行为的节能减排潜力。结果显示，如果大家都积极参与，36项日常生活行为的年节能总量约为7700万吨标准煤，相应减少碳排放约2

▼ 厨房用水消耗量也很大

亿吨。而百姓生活中的衣、食、住、行、用与水有着千丝万缕的联系，生产与消费哪一样也离不开水。炼一吨钢需要4吨水，生产一千克粮食需要1300升水，生产一个人一天需要的肉、蛋、奶需用水约380升。一个成年人一天的饮水量为2.5升左右，而生产一个易拉罐则需要40升水。我们喝掉一瓶纯净水，却要消耗3瓶的水量生产。生产与消费不仅消耗大量的水，也伴随着大量的碳排放。怎样做到节水低碳呢？

1 先洗葱后洗青菜

使用节水龙头，可节水30%左右，每户每年可因此减排二氧化碳24.8千克。也可以买一个网状喷嘴装到水龙头上，喷头上的细小出水孔会使水流看起来变大，从而达到节水的目的。

洗菜的时候，可以把所有的菜择好，先洗干净些的菜，比如葱、蒜、西红柿，再用洗过这些菜的水洗比较脏的菜，比如青菜等。

洗菜也有方法 ▶

125

据统计，如果用盆接水洗菜代替直接冲洗，每户每年可减排二氧化碳0.74千克；如果全国1.8亿户城镇家庭都这么做，每年可减少二氧化碳排放13.4万吨。

② 马桶水箱放瓶水

老式马桶耗水量比较大，可以自己改造一下，比如在水箱内放一个装满水的饮料瓶，占掉部分水箱容量。但瓶子不宜过大，也不能妨碍水箱内部件的正常运作。

如果是新装修的房子，可以购买节水马桶，目前市场上大多数马桶是3升或6升的。马桶釉面的质量会影响用水量，釉面细腻平滑、釉色均匀一致、吸水率小的产品，一次就能冲干净。选购马桶的时候一定要把手伸进马桶的出水洞里触摸釉质是否光滑，有的马桶商家为降低成本，出水洞里看不见的地方就不上釉质，使用时容易挂结污物，需要反复冲洗，无疑是一种浪费。

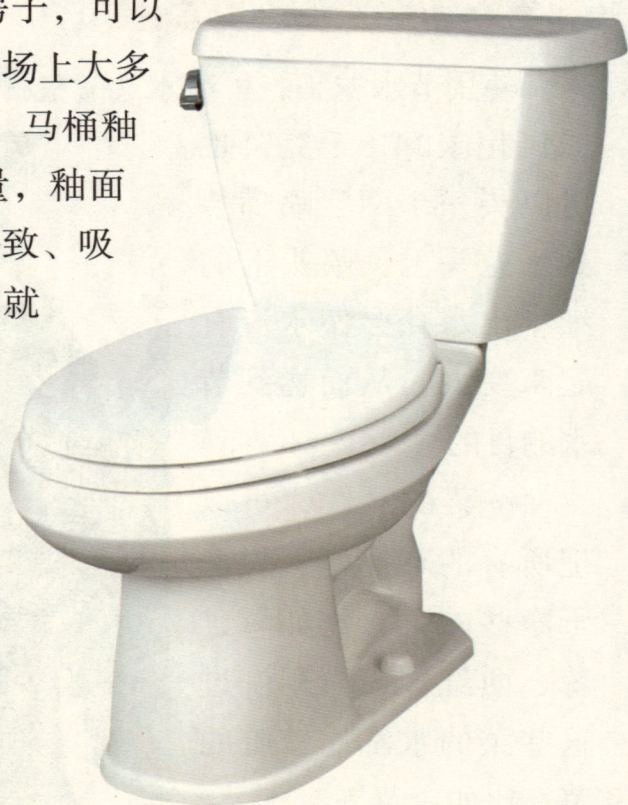

▲ 马桶水箱放瓶水可节水

浇花节水
我有一招

你的家中养花吗？你知道吗，浇花也是有方法的，也可以做到节水低碳。

首先，浇水分量要把握。很多住在楼上的市民给自家阳台上的花浇完水后，楼下过道的地面都会湿透了一大片。这样不仅浪费水，也给楼下行人造成不便，所以浇花节水法的第一招就是要摸清花草的习性。家庭浇花并不是水浇得越多越好，有的花耐干旱，就少浇一些。

其次，小窍门能节水。对于不是特别喜湿的花，可以将湿润的纱布一端裹在花盆表面的土上，另一头放在水杯里，还可以

正在吸收水分的小·花苗

在塑料瓶底部扎个小孔装满水放花盆上让它渗水，一小瓶就足够一盆花用一周；在干燥地区可以在花盆底下放一个装有水的盘子，给花一个湿润的环境，这样平时给花每天喷水即可。

第三，浇花也要选时间。浇花时间尽量安排在早晨和晚上，因为这个时候温度较低，水分蒸发速度减慢。

浇花

第四、多方汇集浇花用水。用淘米、养鱼的水浇花不仅能够节水而且有助于植物的生长。不过如果你家种的花多，又刚好有个小院子的话，那就不妨在院子里多摆几个水桶，等到下雨天时多接点雨水储存起来，以备不时之需。

浇花

超级节约的
洗手液使用方法

现在的洗手液容器形状设计得都很精致可爱，用完洗手液后就扔掉可爱的空瓶很可惜。

对于如何延长洗手液容器的使用寿命，做到低碳环保，这里有个不错的主意。

资源利用

129

洗手液

可以往空瓶子里装上洗手液，但是发现很多时候会出现阻塞的问题，譬如洗手液没法挤出来。

过程再简单不过，通过挤压向洗手液里挤入空气制造泡沫。

大多数洗手液因为太黏稠，空气钻不进去，就造成挤不出泡沫的问题。

解决方案嘛，就是稀释洗手液啦。

第一步：找个容器

找个洗手液容器，不困难吧。

灌上 1／5 的洗手液，然后灌入水，直到离容器口约2厘米的地方停止。（为了防止管子插入的时候液体会溢出来）

提示：

灌水要缓慢一点。不然，如果水和洗手液混合起来，泡沫就会四

洗手液瓶

溢出来。

第二步：搅动

缓慢搅动也行，猛烈搅动也行，随你喜欢的方式，只要使洗手液充分溶解在水里就可以。

第三步：大功告成

现在你就能节约洗手液的消耗，再利用空容器啦。

小提示：

洗手液并不能把手洗干净。你挤出洗手液，沾上水，揉合好，才能洗去你手上的脏垢。

使用（水和洗手液比例为4：1）新洗手液，直接挤出泡沫就可以洗手了，还能节约水资源呢！

这正是这个创意的奇妙之处。

▼ 洗手液也可以自制

一水可以多用

对于平时生活中的水，如果可以做到一水多用，不就是节约了水，低碳了吗？

淘米水具有微弱碱性和洗净力，可以用来浸泡蔬菜、洗碗筷，不仅能漂去残留农药，而且还能去除碗筷的油腻。

▼ 洗碗

洗过盛豆浆、牛奶杯子的水，也可以保存下来。用它来浇花，不仅可以省水，而且能促进花木生长。此外，洗菜水、淘米水富含养分，都是浇花的最好水源。

▲ 洗蔬菜

　　洗碗时需要冲洗多遍，其中最后一两遍的水其实相当干净，可以用来刷锅、擦桌子，也可以用来洗涤抹布、冲洗拖把、洗刷拖鞋等等。

　　在摘洗蔬菜的时候，要注意省水的前后顺序，比如土豆、胡萝卜，应该先削皮后清洗，又比如其他蔬菜，也应该先将败叶摘掉再冲洗浸泡。

　　将纯水机、蒸馏水机等净水设备的废水回收再利用。

　　洗脸水用后可以洗脚，然后冲厕所。

　　家中应预备一个收集废水的大桶，它完全可以保证冲厕所需要的水量。

　　养鱼的水浇花，能促进花木生长。

保护森林，
合理节约使用木材

合理使用纸张和木材，不但保护森林，增加二氧化碳吸收量，而且减少了纸张和木材加工、运输过程中的能源消耗。那么，我们应该怎么做呢？

▼ 森林需要保护

① 重复使用教科书

如果全国每年有三分之一的教科书得到循环使用，那么可减少耗纸约20万吨，节能26万吨标准煤，减排二氧化碳66万吨。

② 使用再生纸

使用感应节水用原木为原料生产1吨纸，比生产1吨再生纸多耗能40%。使用1张再生纸可以节能约1.8克标准煤，相应减排二氧化碳4.7克。如果将全国2%的纸张使用改为再生纸，那么每年可节能约45.2万吨标准煤，减排二氧化碳116.4万吨。

▼ 家装

③ 减少装修木材使用量

如果全国每年2000万户左右的家庭装修能做到少使用0.1立方米装修用的木材，那么可节能约50万吨标准煤，减排二氧化碳129万吨。

另外，在商店购物、过节送礼，应减少使用过度包装。

④ 办公用纸缩小字号打印

纸张对树木的浪费也很惊人，每吨用于造纸的木浆会消耗20棵大树，而一棵树一天能吸收16千克的二氧化碳。

在众多被浪费的纸张中，办公用纸绝对"名列前茅"，其中用于打印、复印的纸张浪费又占多数。因此建议，企业应该加

▲ 打印机

强对员工在这方面的约束。个人在使用打印机的时候，最好减小页边距和行间距，并缩小字号；尽可能正、反两面使用，甚至可以节约一半用纸；尽量用薄些的打印纸。有关数据显示，一张厚纸的耗材是一张薄纸的2~3倍；字体能不加粗、不用黑体的就尽量别用，也能节省不少油墨或铅粉；打印前要校对文字，不要因为几个错字而浪费整张纸；建立废纸回收箱。此外，企业还可选用再生纸。再生纸是以废纸为主要原料，减少了对林木资源的消耗。经过技术加工的再生纸，不会影响使用质量。

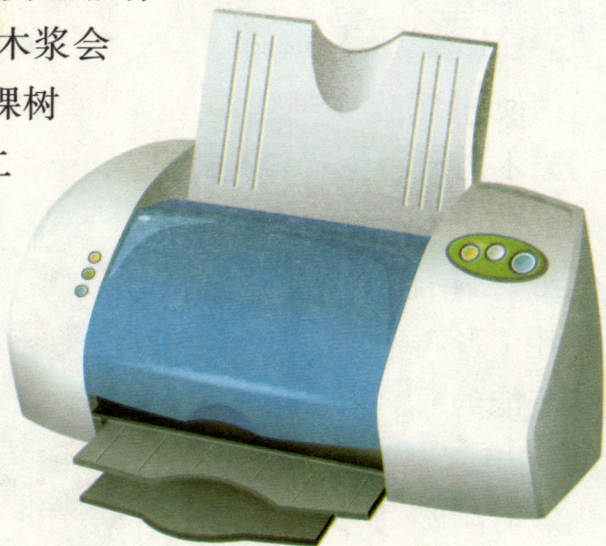

5 积极参加植树活动

　　植物在白天吸收二氧化碳，夜晚释放氧气。因此植物的二氧化碳净排放量为零。一棵中等大小的植物每年能吸收大约6千克的二氧化碳。

　　1棵树1年可吸收二氧化碳18.3千克，相当于减少了等量二氧化碳的排放。如果全国3.9亿户家庭每年都栽种1棵树，那么每年可多吸收二氧化碳734万吨。

▼ 植树

正确认识门窗的作用

不知你是否真正了解门窗在整个建筑中的作用，您是否曾经考虑过，当你的居住水平提高的时候，优质的门窗能给家居生活带来什么？
它也可以低碳吗？

吸收窗外阳光的植物 ▶

作为整个房子最薄弱环节的门窗，要承担防盗防暴，装饰采光，隔热保温，防风挡雨，通风换气，减噪节能低碳等等多种功能，少了其中的任何一项，我们的家居生活都会产生或多或少的缺憾；安装中央空调的厂房、宾馆、别墅，因为采用了节能低碳环保指标杰出的考合斯门窗，选购的空调机组可以减低一个耗能级别，仅降低的空调机组费用一项就可基本与门窗费用持平，以后在运行过程中节省的电费，以及优质门窗的超长的使用寿命都将是可观的回报。通常，门窗的面积占到一套房子的15%~20%，可是如果没有选用合适的门窗，由此散失的能量将高达

40%~50%，冬天家里的热能不能被保留在户内，夏天更是浪费空调费用。

在电力紧缺、全球变暖的今天，选用考合斯门窗既给家庭生活带来舒适享受，也为地球环保贡献一份力量。

生活离不开空气，室内空气的质量影响到我们大部分时间的生活。可是，当室内空气受到污染、当室内过分潮湿、充满异味的时候，都需要有清新的空气替换，传统的门窗打开方式可以达到换气的目的，但是往往会引起安全防盗问题，无法控制气流，则会导致室内能量流失，杂物飞入室内，室外噪声传入等。

▲ 门

▼ 门窗

分类垃圾
分装四个桶

同学们，你是怎样面对生活中的垃圾的。你是怎样在它们身上低碳的呢？

垃圾分类是一项环环相扣的系统工程，从家庭、社区的垃圾分类，到垃圾中转、运输，最终是垃圾加工处理。其中，家庭垃圾的源头分类最重要。研究发现，人均日产垃圾的碳排放量为3.9千克，如果乘以人口数，那可不是一个小数字。

做好家庭垃圾分类，首先要了解哪些家庭垃圾是可回收的，哪些是有害垃圾。在丢弃时也需要看清小区垃圾桶

▼ 不同的垃圾桶不同的分类

上的图标，不同种类的垃圾要放进对应的垃圾桶里。

　　同学们，你们在平时的生活中对于吃完的瓜果皮、用完的草稿纸、用过的购物袋、吃不完的剩饭等等，是怎么处理的呢？你有过分类吗？如果没有，那么就需要先了解一下他们了。

　　生活垃圾可分为四大类：可回收垃圾、厨余垃圾、有害垃圾和其他垃圾。

1 可回收垃圾

　　可回收包括纸类、金属、塑料、玻璃等，通过综合处理回收利用，可以减少污染、节省资源。如每回收1吨废纸就可造纸850千克，节省木材300千克，比等量生产减少污染74%；每回收1吨塑料饮料瓶可获得0.7吨二级原料；每回收1吨废钢铁可炼好钢0.9吨，比用矿石冶炼节约成本47%，减少空气污染75%，减少97%的水污染和固体废物。

▲ 纸类垃圾

② 厨余垃圾 🌱

　　厨余垃圾包括剩菜剩饭、骨头、菜根菜叶等食品类废物，经生物技术就地处理堆肥，每吨可生产0.3吨有机肥料。

③ 有害垃圾 🌱

　　有害垃圾包括废电池、废日光灯管、废水银温度计、过期药品等，这些垃圾需要特殊安全处理。

废电池有家可归了 ▶

④ 其他垃圾 🌱

　　其他垃圾包括除上述几类垃圾之外的砖瓦陶瓷、渣土、卫生间废纸等难以回收的废弃物，采取卫生填埋可有效减少对地下水、地表水、土壤及空气的污染。

　　需要提醒的是，常见的塑料容器瓶身、瓶盖和外层包裹的塑料膜，需分开丢弃，一来三者材质不同，其再利用的作用也不同，二来瓶盖和外层塑料膜回收利用价值比较低。这些垃圾收集之后，在丢弃时也需要看清小区垃圾桶上的图标，不同种类的垃圾要放进对应的垃圾桶里。由此可见，如果每个市民都能自觉地将垃圾分类处理，就是利人、利己的"低碳"行动。同学们，让我们自己动手做起来吧，为营造咱们的低碳绿色生活贡献自己的一份力。

等待分类的垃圾 ▶

▼ 塑料瓶

低碳产品
选购秘籍

1 产品识别篇

节能低碳产品的概念及认证事项

节能低碳产品是指符合与该种产品有关的质量、安全等方面的标准要求，在社会使用中与同类产品或完成相同功能的产品相比，它的效率或能耗指标相当于国际先进水平或达到接近国际水平的国内先进水平的节能产品。

根据《中华人民共和国节约能源法》及《中国节能低碳产品认证管理办法》的有关规定，只有通过国家相关权威机构的节能低碳认证，才能在宣传时冠以"节能低碳"

▼ 节能的酒店客房

字样粘贴节能低碳标志。

目前我国设有中国节能低碳认证和部分省级节能低碳认证机构，中国节能低碳认证由中国节能低碳产品认证管理委员会委托"中国节能低碳产品认证中心"负责，广东省节能低碳认证由广东省经济贸易委员会和广东省质量技术监督局联合委托"广东省能源利用监测中心"负责。

节水节能

取得节能低碳产品认证资格的企业，将获得节能低碳产品认证证书，并允许在其通过认证的产品上粘贴节能低碳标志。因此消费者可以依据产品或其包装上的节能低碳标志来识别和选择高效节能低碳型产品。

能源效率标识≠节能低碳认证标志

能源效率标识

根据规定，目前所有上市销售的冰箱和空调类（不包括变频空调在内）家电产品都必须贴上"能效标识"。那么，"能效标识"是否就等于节能低碳标志呢？不是，这是两个不同概念。

"能效标识"是附在空调、冰箱等家电产品或产品最小包装物上的一种信息标签，用于表示用能产品的能源效

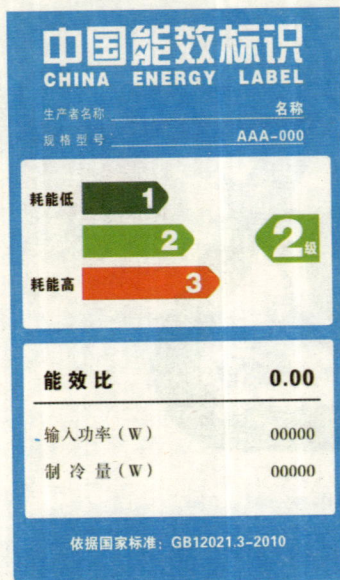

中国能效标识
CHINA ENERGY LABEL
生产者名称 　　　　　　名称
规格型号 　　　　　　AAA-000

耗能低 **1**
2 **2级**
耗能高 **3**

能效比 0.00

输入功率（W） 00000
制冷量（W） 00000

依据国家标准：GB12021.3-2010

▲ 空调能效标识

率等级和能源消耗量等指标。"中国能效标识"为蓝白背景的彩色标识，分为1，2，3，4，5五个等级，等级1表示产品达到国际先进水平，最节电，即耗能最低；等级2表示比较节电；等级3表示产品的能源效率为我国市场的平均水平；等级4表示产品能源效率低于市场平均水平；等级5是市场准入指标，低于该等级要求的产品则不允许生产和销售。

节能低碳认证标志的产品是能效水平相对较高的产品。目前节能低碳空调和节能低碳冰箱的认证标准是能效二级，所有的节能低碳产品必须达到二级能效标准以上。

② 商家伎俩篇

1.虚张声势。某些企业宣传自身的产品有多项节能低碳技术、节能低碳理由等，试图夸大节能低碳技术数目来迷惑消费者，但并不说明节能低碳的效果，也拿不出权威部门的认证或实验数据。

2.无效对比。在空调的促销中随处可见类似以下的数字对比：比如购买了一台1.5匹或2匹的某品牌节能低碳空调，若按平均每天使用6至8个小时来计算，一年就能够节省电费1600元至2000元，使用两年，节省下来的钱就可以再买一台节能低碳空调了。这种数字对比，从表面上来看似乎

有"说服力"，但实质却是一厢情愿——谁家的空调会无论冬夏季节天天开6到8小时？

3.偷换概念。根据《能源效率标识管理办法》，冰箱和空调生产企业上市产品必须强制性贴上能效标识方能销售。部分经销商宣称，已贴上标识的就是节能低碳产品。其实该标识只是市场的能耗准入证和对产品能效等级的评价，并非真正意义上的节能低碳标识。

4.以偏概全。部分生产企业某一产品曾通过相关的节能低碳认证，厂家在宣传中将企业其他产品也全部套上"节能低碳"的光环，在宣传广告中有意渲染节能低碳认证的权威性和真实性。

5.夸大其词。部分企业借机炒作概念，将某些相比其他品牌能耗比略强的产品吹嘘成节能低碳效果惊人的"神奇"家电。

③ 实战指引篇

1.勿轻信不实的广告宣传，不要被部分所谓的实验室理想数据所迷惑，选购时应向经销商进行详细了解和咨询，并根据自身的实际需求慎重选择节能低碳产品，切忌盲目跟风。

2.勿混淆节能低碳认证标识与能效标识。记住，两者是不同概念。此外，能效标识共分5级，1，2级达到节能低碳指标，3级为中等，4，5级为高耗能，仅为符合上市标准。消费者选购时应当心中有数。

节能认证

3.可要求经销商出示相关的证明文件，或通过电话、上网等方式向相关权威认证机构咨询，以证实产品节能低碳指标的真伪。

4.保留产品的相关宣传资料、产品说明书和交易凭证(发票等)，如发现问题可向相关管理部门投诉。

同学们现在会识别低碳产品了吗？但选购时还要注意下面内容：

1.欧洲节能低碳标准并不一定优于我国的节能低碳标准，我国目前实行的"一级节能低碳标准"低于欧洲A＋＋级和A＋级标准，但高于欧洲A级节能低碳标准。

2.标称耗电量和实际耗电量是两回事。标称耗电量是厂商在一种理想条件下对电器进行耗电测试的结果，而实际生活中并非如此。

家居装修
如何减少碳排放

　　家居装修中也有许多方法可以降低能源消耗、减少碳排放，这其中的一些方法还可以帮消费者省钱，使我们不仅省了钱，又过上了低碳的生活，同学们，何乐而不为呢？

1 可改可不改的就不要改

从设计上而言，低碳理念其实与这两年一些家装公司强调的"轻装修，重装饰"的理念是吻合的。在装修设计的时候，一些较为时尚的家庭也不

奢侈的家装

再简单地用吊顶、壁柜，以及用一些昂贵的装饰材料打造的装饰造型等将空间堆砌装满，他们更讲究空间布局、功能设置等，注重装修和装饰的区分，会利用实用的家具与恰到好处的装饰品来表现强烈的个人风格和情趣。

▲ 时尚家装

如果能在"轻装修，重装饰"的基础上，减少更多不必要的改造，那就更"低碳"了。"现在还有一些设计师为了强调设计效果而让业主做太多结构改造，比如砸掉一面墙改成一扇透明玻璃窗，以此增加房间的通透感，其实并不一定非这样不可，通过灯光设计等也可以改善视觉上的拥堵感。"专家建议说，"在不影响居住使用的前提下，一些可改可不改、锦上添花的设计最好不要或者简化，这样还可以减少装修费用。"

目前还有一些设计师为了追求视觉效果，会制作一些造型背景墙，这些就可以考虑简化。不论是石膏板、饰面板，还是瓷砖、大理石，制造这些造型所用的材料在生产过程中都要释放碳，减少这些装修材料的使用，以悬挂壁画或者照片、或者DIY涂鸦等简单方式替代，就是一种减排。

② 让居家生活舒服又节能 🌱

减少家庭生活、作息时所耗用的能量是减低碳特别是二氧化碳排放的最佳方式。除了大家都知道的节能灯、节水马桶以外，这里还为大家搜集了一些新型节能的低碳材料以供参考。

（1）装节能窗户

家居装修是否低碳，其实应从装修第一天起就开始考虑。家装时使用环保材料、中空玻璃、气密性水密性比较好的门窗都能减碳。

可选用获得国家专利认证的高档纳米材质，其保温隔热效果高达50%，夏天能隔绝80%的太阳直射热量，隔绝高

▼ 家装要简化

节能窗

达99%的有害紫外线；冬天能有效阻隔室内外热量交换，达到冬暖夏凉效果。窗户节能了，空调就可以少耗费一些电能，自然就能实现节能减排了。

（2）换节能锅炉

不少人对低碳生活存在着误解，认为过低碳生活就不能住大房子，不能享受空调和采暖系统。专家称，家居燃气供暖也可实现低碳，但一定要选购节能减碳的锅炉。

据介绍，有一种冷凝锅炉很节能。它是通过两个换热器充分吸收燃气燃烧产物——烟气中的显热及蒸汽的潜热。烟气余热回收装置采用新型的换热翅片、换热元件，使换热更加充分。锅炉冷凝技术，有效回收烟气中的能量从而获得更高的热能，最高可获得109%的热效率，与传统锅炉相比，"冷凝锅炉"节能35%以上。

给您支招
看南非家庭低碳各有妙招

　　家庭能耗占南非能源消耗的24%。如何提高照明效率，保温效率，提高能源管理效率，如何减少家电能耗，是南非矿产能源部一向关注的问题，并为此制定了能源效率战略。其实，在燃油、天然气、煤、电价格不断上涨的今天，南非百姓对节约能源已有普遍的认识，并在生活中采取了各种各样的节能低碳措施。

▲ 日照时间长的地方可以多多利用太阳能

　　太阳能在南非是最有效的节能低碳措施之一。南非每年的日照时间长达2500小时，几乎每天都是艳阳天，即使少数阴天，太阳能照样能够发挥作用。一个医生说，他在林区有一所别墅，房子所用的全部能源都来自太阳能。他购买这套三洋牌太阳能设备共花费了4万兰特（约5800美元），按照现在每年用电10000兰特来计算，要4年就可收回投资，如使用中国太阳能产品成本会降下来。不过，对一般家庭来说，太阳能设备一次性投入的成本还较高，而且南非的电力丰富，电价比较便宜，加上其他原因，太阳能的使用在南非还不够普遍。

　　南非家庭节能低碳目前比较普遍的措施是采用节能低碳灯泡和灯管。家庭节电，各家有各家的办法。一对开店铺的老夫妇说，他们家节电的窍门主要有两条。第一，到哪间屋开哪间屋子的灯，人走灯灭，家里不留长明灯。第二，家里不装不用装饰灯，店铺也是如此。他们认为，装饰灯光虽好看，花费金钱不合算，浪费能源很可惜。生活质量在健康，生意好坏在品质。

要保证人走灯灭

在家庭节水，尤其是热水方面，南非人也很注意。一个

不要让水龙头空自流

南非人说，南非是缺水国家，所以，他家在用水，特别是用热水方面，很注意节能低碳。他们的习惯是，少泡澡，多淋浴，淋浴时间莫太长。刷牙期间和打香皂洗脸期间，及时关闭水龙头，别让水空流。另外，家里的水龙头如果

南非人用冰箱很有方法

发现有漏水现象，必须尽快修好。因为，别看水龙头滴水不多，但天长日久，积少成多，家里的水电费账单上就会增加一笔支出。

家用电器在日常家庭能耗中占重要位置，在如何有效使用家用电器方面，南非人也在实践中总结出了以下节能低碳的好经验：

冰箱节能低碳：选冰箱别贪大，人口多少定大小；装冰箱忌太满，调节温度莫太低；放食物先冷却，冰箱开门要节制；除冰霜要经常，否则费电制冷差；冷凝器很重要，外露部分要洁净；冰箱门要密闭，橡胶封条应完好。（测试方法：门缝夹张纸，纸能抽出来，密封胶条须更换）洗碗机节能低碳：使用短程序，只到漂洗档；漂后即关机，干布擦餐具；除非有需要，不用热水洗；餐具数量少，人工洗干净；餐具莫多放，多放效率低；机器过滤器，必须常清洁。

电炉节能低碳：锅底平，炉面净，锅底炉面贴得紧；锅盖严，保温好，高火开锅慢火煮；蒸煮炖，高压锅，省电省钱省时间；炒蔬菜，别过火，流失营养又费电；热敏感，控制器，间歇断电节能低碳耗；电烤箱，耗能大，烧烤肉食不要用。

微波炉节能低碳：做饭早安排，解冻用冰箱；烹调中小量，量大用炉灶；食物包上塑料纸，留个小口免烫伤；时间参考说明书，长短可按需求调。

▲ 洗碗机也要节能

炒菜也要低碳 ▶

小电器节能低碳：厨房小电器，节能低碳胜炉灶；电壶烧开水，水量按需求；电壶烧咖啡，烧好要关电；用完吸尘器，灰尘要倒净；电器有毛病，修好再使用。

南非家庭的上述节能低碳经验，对想节省能源、减少支出的家庭来说确有可借鉴之处。

营造
家居低碳生活

▲ 释放自然的气息

绿色低碳家居给我们带来温馨、健康。那么我们怎么选择绿色低碳家居呢？真正低碳绿色家居的内涵主要体现在以下三方面：

① 优良的环境性能

家居从生产到使用乃至废弃、回收、处理处置的各个环节都对环境危害甚小。采用清洁的原料、清洁的工艺过程、生产出清洁的产品；消费者在使用产品时，不会产生环境污染并不对使用者造成危害；报废产品在回收处理中很少产生废弃物；产品具有保护生态环境和维护人体健康的功能。

② 最大限度节约资源和能源

绿色家具应尽量
减少材料的使用
量，减少使
用材料的种
类，特别
是稀有昂
贵材料及有
毒材料。要求
在设计家具产品
时，满足家具基本
功能的条件下，尽

绿色家居

量简化产品结构，合理使用材料，并使产品中零件材料能
最大程度地再利用。

③ 体现产品生命周期全过程绿色

低碳绿色家居区别于一般家居产品的重要特征，是"绿
色程度"体现在产品生命周期的全过程，而不是家居的某一
局部或某一阶段。低碳绿色家居的生命周期对普通家居产品
生命周期的扩展，包括低碳工业园环境、原材料制备与生
产、产品设计及制造、包装、运输、使用消费及销售服务、
回收处理及再利用等七个过程。现在你了解什么是绿色家居
了吧，那么在购买时只要参照这上面的标准就可以了。

低碳家装是指以减少二氧化碳排放，低能耗、低污染为基础，注重装修过程中的安全、健康、环保和节能，以减少家居生活的碳排放。其实，说简单点，就是简约，做到物尽其用，以下几种装饰就是多余的。

4 封闭阳台

把一些半封闭的阳台封上铝合金或塑钢窗，是很多人在装修中的常见做法。其实，不封阳台不但能节约材料，而且通风好，特别是一些露台，可以将其开辟成"小花园"，既美化居室又能净化空气。

▼ 营造我们的绿色家居生活

5 花哨的灯饰

很多人家客厅、餐厅用的都是水晶灯或复杂灯饰，在陈列柜、背景墙周围装满了射灯、支架光管，这些装饰灯用的机会却很少。因此，在灯饰的选择上，应以简单、利用率高的为主，最好选择有调光功能的开关和节能灯。

▲ 家装灯饰不必太花哨

如果想要增加室内光线效果，可以采用节能、变化多样的LED壁灯。另外，可以多用玻璃等透明材料和镜子、采用浅色墙漆等，增加自然采光率，以减少电灯的使用。

6 复杂的电视背景墙

在很多人看来，电视背景墙的装饰非常重要。几平方米的地方就花费几千元甚至上万元，多余的装饰必然造成资源浪费。其实，想让背景墙华丽变身，不需要大动干戈，用环保的彩绘涂料就能做出相同效果，低碳实惠。

◀ 复杂的电视背景墙

7 修改房屋结构

在装修中，砸拆墙体、随意改造房屋结构的事情经常发生，将简单的装修复杂化，在装修中增加了许多多余的装饰，造成浪费。因此，可改可不改的地方最好不要改。

8 固定家具

比如壁橱、衣柜等。大量制作不可重复利用的固定家具也是一种资源浪费。因此，在装修中尽量买可灵活挪动

▼ 阳台装修

163

和反复使用的成品家具。除此之外，多使用竹制、藤制的家具，这些材料可再生性强，也能减少对资源的消耗。

⑨ 天然材质的地板、墙砖

实木、大理石等天然石材虽能彰显豪华，但在制作工艺上耗能较高，相比之下，复合板材是把废木料再利用，更低碳环保一些。

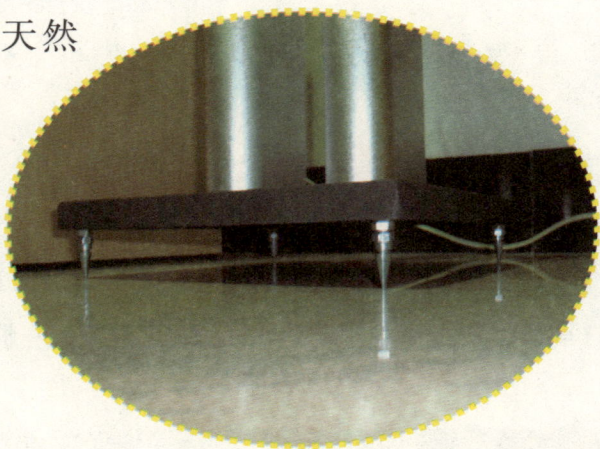

▲ 大理石地板

⑩ 包暖气片

把暖气片包起来，不利于暖气片的散热，使保暖的功用大打折扣，也是一种浪费。

▼ 暖气片

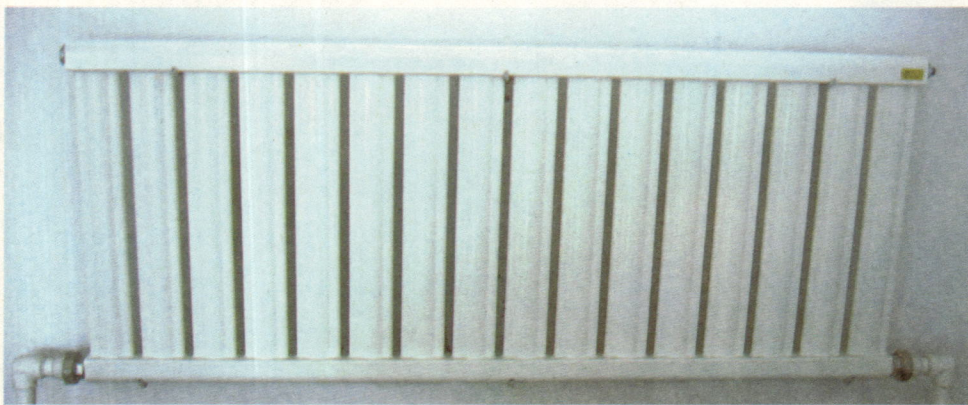

厨房里的低碳生活

　　其实，厨房也是个排碳大户——许多超大型厨房电器在生产和使用过程中会消耗大量高含碳原材料以及石油，变相增加了二氧化碳的排放；煎炒烹炸产生的呛鼻油烟四处飘散，污染了洁净空气；油烟让厨房到处油渍斑斑，清洁起来不仅麻烦而且还费水费电。那么，厨房的低碳生活，如何打造呢？对此，"低碳一族"颇有心得，比如：下厨时，用大火比用小火烹调时间短，可以减少热量散失。但也不宜让火超出锅底，以免浪费燃气。夏季气温高，烧开水前先不加盖，让比空气温度低的水与空气进行热交换，等自然升温至空气温度时再加盖烧水，可省燃气。烧煮前，先擦干锅外的水滴，能够煮的食物尽量不用蒸的方法烹饪，不易煮烂的食品用高压锅或无油烟不锈钢锅烧煮、加热熟食用微波炉等等方法，也都有助于节省燃气。

▲ 烧水

在挑选厨电时也要特别关注体积小巧、节能环保、便于清洁的厨房电器。与此相呼应，不少国内厨电厂商切合时下

▲ 低碳环保吸油烟机

低碳环保的热点，打出环保低碳新概念，一系列低耗能、小巧易洁的厨房电器成为市场推广重点。其中，有一款吸油烟机新品受到了"低碳一族"们的极大关注和追捧。

侧吸式吸油烟机，来自嵌入式厨房专家的低碳力作，不但吸烟效果惊人，在节能环保上更令人耳目一新。从外观上看，它格外小巧的体型，特别适合年轻人的新居小厨房使用。它的功能设计，通过创新V型导烟板的运用和"导烟吸附"的技术优势，开启烟机后立刻实现三维立体进风，当腾起的油烟被拉拢靠近吸油烟机时，油烟会乖乖地被吸附在V型导烟板上面，并随着导烟板表面有序上升，一丝不漏地被引导着快速吸净。

◀ 吸油烟机

它不仅吸尽油烟，减少了污气排放，而且整机表面无螺钉设计，美观的同时让清洁也很省力。吸力强劲，易洁小巧，无形中为厨房节约了能源资源，有效地减少了碳排放。这也正是这种侧吸式吸油烟机受到"低碳一族"青睐的原因。

电水壶内电热管结有水垢后要及时清除，以提高电水壶的热效率，同时也能提高电热管的使用寿命。

用完的餐具必须洗干净，擦干后才放进消毒柜，不能承受高温的餐具必须放进低温层，这样才能缩短消毒时间和降低电能消耗。消毒柜应放在干燥通风处，离墙距离不宜小于30厘米。

▲ 电水壶要及时除垢

浴室中的低碳与环保

▲ 打造低碳浴室

　　以淋浴代替浸浴，可以节水和节电两倍半。不要洗得太久。在涂肥皂的时候，不要让水龙头开着，否则每分钟便浪费10~18升水，同时浪费了热能。可将热水器的恒温器调低一些，因为每调高恒温器1度，便会多浪费3%的能源。不用热水器或快用完的时候，应立即关掉。

　　要使浴室芳香可在柜上放置花瓣及香草如薄荷叶、丁香花的混合花，或放一小盘食用苏打，都十分有效，但要放在儿童接触不到的地方。

清洗洗脸池、浴缸及瓷砖可使用食用苏打或硼砂，以胶擦子清洁，这比化学剂更便宜、更安全。

避免洗脸池发生堵塞，若有堵塞，用四分之一杯食用苏打加半杯白醋，再用布紧塞排水管一分钟，用沸水冲洗便行。

若要清除霉斑，可用旧牙刷蘸醋或硼砂加水刷拭，至于洁净玻璃和镜子，可用一半醋加一半水调匀放在喷壶中，喷在玻璃上，再用旧布或旧报纸团擦亮。

清洁厕盆，可用柠檬汁和硼砂调成糊，倒入厕盆，两小时后擦净，或者用食用苏打或硼砂，再用少许水调成糊，用擦子擦净。

淋浴间 ▶

▼ 盆浴

如何使你的办公环境更低碳

1 "百度"一次排放CO₂7克

现代办公生活里，绝大部分网民都离不开搜索引擎。大多数人并不知道，使用搜索引擎会产生大量的能源消耗，以运行遍布世界各地的服务器和控制庞大

上网已普及

上网已成为一种习惯

据。国大究显每索生氧。美佛研果，搜产二的中据哈学成示次所的化碳排心美佛研数据的中据哈学成示次所的化碳排

放量高达7克，搜索两次等于煮一壶水产生的二氧化碳。1000次谷歌搜索产生的温室气体相当于美国一辆汽车平均行驶一千米所产生的排放量。

数据显示，目前信息和通信技术领域造成的二氧化碳排放量已占全球二氧化碳排放总量的大约2%。气候组织通过研究计算显示，电脑的碳排放1/4来自于生产制造过程，剩下的3/4则来自使用过程，即用户办公应用、娱乐和上网。生产一台电脑对环境的冲击与生产一辆汽车不相上下。而使用过程中，每台电脑一年排放出0.1吨的二氧化碳。更惊人的是，该组织的一份调查报道显示，在2007年，全球的电脑、打印机、手机和各种小型的IT产品共产生了8.3亿吨的碳排放量，这一数字与航空业的碳排放量相当，这个数字看着都可怕，办公室里那些重度依赖百度和google的人士需要注意了。

2 电子邮箱取代纸张账单

在办公室中，常常会有这种情况，每月都要收到很多账单，有工资卡对账单、消费贷款还款单、公积金还贷单、银行信用卡还款单、银行白金卡对账单、证券公司对账单，还有手机费账单以及家里水、电、煤、固定电话费账单等等。在这么多的信封里，有的里面还塞了多张广告、积分说明等单子，放在一起厚厚一叠。这么多纸质账单，一点都不低碳，还增加用户存放的麻烦。

电子邮箱取代纸质账单

高消耗、高成本的纸质账单并非没有替代办法。对于这种情况，可以采取电子邮箱的方式。以逐步取代纸质账单的投递。就目前的情况看，习惯使用电子邮箱接收账单的人不多。希望随着国家低碳政策的推行，能真正改善这种局面。

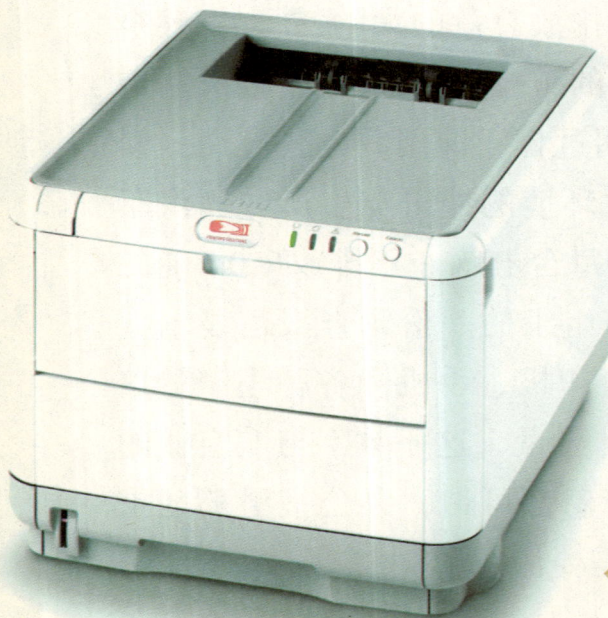

纸张打印缩小·字号

③ 多爬楼梯种花草

上下班时，将等电梯的时间用于爬楼梯，上上下下的享受，会让你更健康；随手关闭电脑和饮水机电源、少开空调冷气暖气、少打电话，少用一次性纸杯，不但环保还可以增加运动健身的时间。将白灯改用节能灯，亮度一样寿命更长、更省钱；全面检查采光需求，减少多余灯管数，或是改用太阳能设备，不但省能更产能。在办公桌上多种植几棵绿色植物，既实现办公室绿色美化，更对地球有好处。

▲ 多种花草

④ 减少商务旅行

减少一人开车骑车次数，多搭乘公共交通工具或是骑脚踏车，不但节省费用，而且能够避免交通堵塞，减少废气污染。但相比之下，减少商务旅行可能更能有效地推动低碳事业：透过视频软件进行网络会议，可避免因出访外地搭乘飞机、火车或渡轮所排放的温室气体，还可节省商旅的时间与费用。

太阳能的利用

　　煤炭一直是我们生活中的重要能源，可它们也是巨大的碳排放原料。有新的能源能替代它们吗？太阳能的开发，就是环保低碳的最好选择。

▼ 太阳能

走在村居街道上，很快便会被街道两旁家家户户屋顶上美观大方的太阳能热水器所吸引。太阳能热水器让村民用上廉价健康热水的同时，极大地改善了村容村貌。现在几乎每家每户都用上了太阳能。太阳能在农村俨然成为一种新风尚。

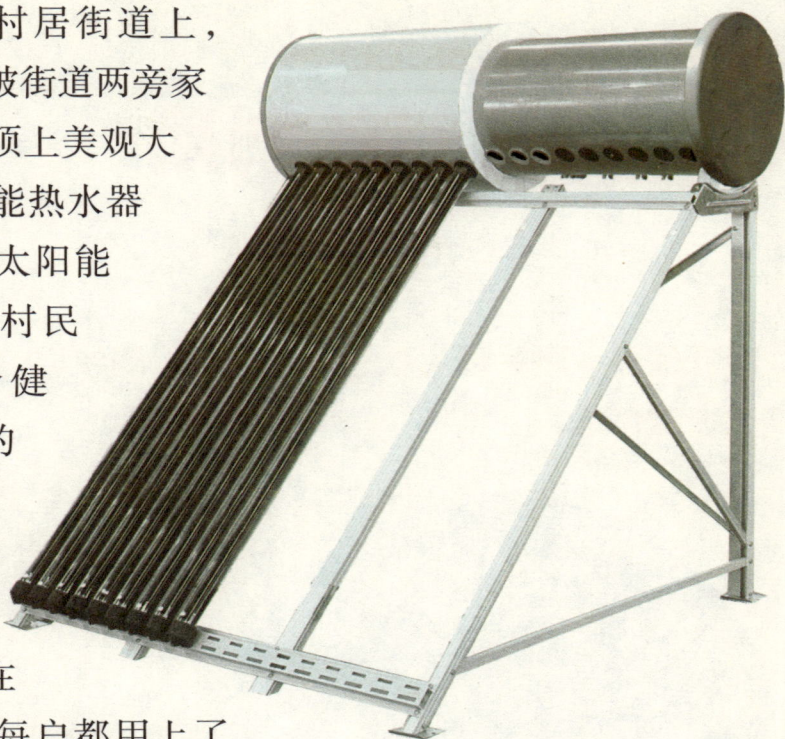

△ 太阳能热水器

太阳能不仅解决了村民的热水问题，在"家电下乡"等国家政策支持下，村民也切实享受到了实惠。据测算，每台热水器每年吸收热量供应的生活热水，相当于214千克标准煤、163立方米天然气、1748度电产生的热量，可带来近千元的经济效益。

太阳能在农村普及的同时，在城市中也悄然兴起了"低碳住宅"的新潮流，逐渐融入城市建筑，融入城市生活。据了解，城市用电高峰期耗电量相当于10个三峡水电站满负荷输出，而采用太阳能与建筑一体化技术可节能45%左右。

低碳灯的利用

低碳灯，顾名思义就是低碳的灯。同学们，你家使用的是低碳灯吗？

随着低碳经济意识的深入人心，节能灯的使用在普通市民家里越来越多见了。但是，不少人面对2元钱的普通白炽灯和十几元的节能灯，仍然觉得买普通灯泡才划算，始终觉得省下来的电费没有灯泡的差价大。

划算的节能灯

其实，不论于公于私，我们都应该选择节能低碳灯。于公来说，假如每户城镇居民用一只8瓦的节能低碳灯取代一只同样亮度的40瓦的普通灯泡，按每天照明6小时计算，那么全国一年就能省下98亿度电。于私，改用节能低碳灯后，每个月省下的电费就有好几块钱，这还只是家里用一盏节能低碳灯的情况，如果把家里的白炽灯都换成节能低碳灯，节约的电费是很可观的。

能源无处不在，节约就无处不在。少开车多走路，多上几层楼梯，关电脑时关闭显示屏，出门时关灯，空调少使用几小时。

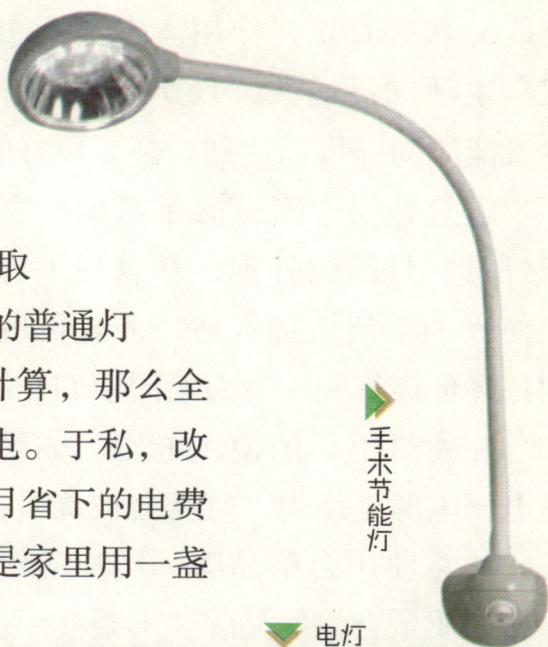

▶ 手术节能灯

▼ 电灯

这些都是生活、工作中再简单不过的事情，但对节约宝贵的能源却起着重要作用。事实证明，节能低碳并不会影响我们生活的舒适性，只要用对了方法，提高了能效，消耗少量能源同样可以达到，甚至更好的效果。

电灯是每个家庭必不可少的东西，但很多人较多关注了灯具、灯泡的外观，却忽视了它的性能。正确的选择不但使你的生活更加舒适，而且可以节约电能。那么，怎样的选择低碳灯呢？下面给同学们介绍一下。

注意灯上标的使用电压。如果低电压的节能低碳灯在高电压电源下使用，灯就会被烧毁；

注意使用合格品牌。用户应使用国家质量技术监督局公布的质量合格的品牌，不要使用劣质品；

选择好节能低碳灯的功率。自镇流荧光灯的光效一般

▲ 造型奇特的节能灯

比白炽灯高4倍。原来家中如果使用60瓦的白炽灯，现只使用16瓦的自镇流荧光灯就够了；

要看有没有国家级的检验报告；

要看产品的外包装包括产品的商标、功率、标记的内容。用软湿布擦拭，标志应清晰可辨；

要看使用寿命。合格的自镇流荧光灯在正常使用时必须达到8000小时以上，如达不到标准，即为劣质品；

▲ 节能灯

要看安全要求。在安装、拆卸过程中，看灯头是否松动，有无歪头现象，是否绝缘；

要看灯的材料。看外观材料是否耐热、防火，灯中的荧光粉是否均匀。如果未使用就出现灯管两端发黑现象，均为不合格产品；

要看价格。一般来说，由于节能低碳灯制造、生产过程中的特殊原因，成本相对来说较高。如果是七八块钱的自镇流荧光灯，很可能是一些小厂生产的劣质品，一般来说，国内知名厂家的自镇流荧光灯价格均在二三十元以上，进口的价格就更高。

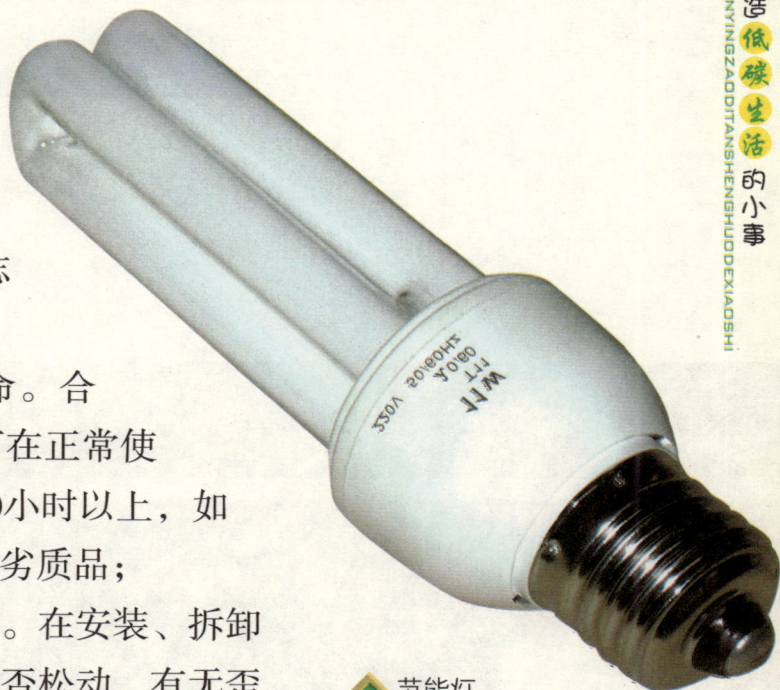

合理装饰
也能在夏季降温低碳

夏季通过合理地装饰也可以达到降温节能低碳的目的。下面给你介绍五种做法，可以在不开和少开空调的情况下，也可以让室内环境变得更凉快。

阳台：攀爬植物

夏季楼房的阳台或室外花园经过暴晒后会产生很多热量，是室内温度增高的主要来源。最好在阳台或者花园靠墙处多种些绿色植物，尤其是攀爬生长的绿萝、爬墙虎和各种瓜类、豆类植物。植物在生长过程中会吸收热量，而且茂盛的植物恰好可以抵挡阳光直接照射地面或墙壁。

窗帘：加装防紫外线窗帘和遮光帘

　　一般家庭中应该备有冬夏两套不同厚度、不同色系的窗帘，冬季使用厚窗帘可以保温、防寒，而夏季适合挂薄一些的、看起来淡雅的窗帘。

　　如果你家有东向或西向的窗户，建议在薄窗帘上加装一层具有显著隔热功能的防紫外线窗帘。据测试，如果早上出门时把窗户关好，把防紫外线窗帘拉严实，到了晚上下班回家，室内温度可以比室外低3℃至5℃。

▼ 营造我们的低碳生活

通风：把握好开窗通风时机

房间要经常通风

夏季通风也是有讲究的，如果中午通风，不但不会让家里凉爽，还会让更多热气进屋。正确的通风方法是：早上一起来，最好在7时前进行一次对流通风；出门上班前，要记得关闭阳面窗户并拉严窗帘；等到下班回家，再进行一次对流通风，就可以让室内相对凉爽。

家具：更换竹木制品

现在很多家庭都喜欢用布艺沙发，但布艺沙发在夏季会让人感觉很热，而且如果人体直接靠在布艺沙发等软制品上，更容易出汗。不妨考虑摆放一些造型简洁、色调偏冷的藤、竹、木制和玻璃制家具装饰，不仅可以在视觉、触觉上让人感到凉爽，而且还可以吸收室内热量，对降温起到辅助作用。